编织达人
SHOW

张 翠 主编

辽宁科学技术出版社

·沈阳·

图书在版编目（CIP）数据

编织达人SHOW /张翠主编. —沈阳：辽宁科学
技术出版社，2011.10
ISBN 978－7－5381－6569－2

Ⅰ.①编 … Ⅱ.①张 … Ⅲ.①女服 — 毛衣 — 编
织 — 图集　Ⅳ.①TS941.763.2—64

中国版本图书馆CIP数据核字（2011）第194651号

出版发行：辽宁科学技术出版社
　　　　　（地址：沈阳市和平区十一纬路29号　邮编：110003）
印　刷　者：深圳市鹰达印刷包装有限公司
经　销　者：各地新华书店
幅面尺寸：210mm×285mm
印　　张：13
字　　数：200千字
印　　数：1~11000
出版时间：2011年10月第1版
印刷时间：2011年10月第1次印刷
责任编辑：赵敏超
封面设计：幸琦琪
版式设计：幸琦琪
责任校对：李淑敏

书　　号：ISBN 978－7－5381－6569－2
定　　价：39.80元

联系电话：024－23284367
邮购热线：024－23284502
E-mail：473074036@qq.com
http://www.lnkj.com.cn
本书网址：www.lnkj.cn/uri.sh/6569
敬告读者：
本书采用兆信电码电话防伪系统，书后贴有防伪标签，全国统一防伪查询电
话16840315或8008907799（辽宁省内）

目录

Contents

Contents

本书作品使用针法

| =下针（又称为正针、低针或平针）　　**—** 或 **▢** =上针（又称为：反针或高针）　　**O** =空针（又称为：加针或挂针）

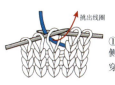
挑出线圈

①将毛线放在织物外侧，右针尖端由前面穿入活结。

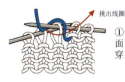
挑出线圈

①将毛线放在织物前面，右针尖端由后面穿入活结。

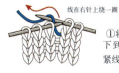
线在右针上绕一圈

①将毛线在右针上从下到上绕一次，并带紧线。

②挑出挂在右针尖上的线圈，同时此活结由左针滑脱。

②挂上毛线并挑出挂在右针尖上的线圈，同时此活结由左针滑脱。上针完成。

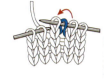

②继续编织下一个针圈。到次行时与其它针圈同样织。实际意义是增加了1针，所以又称为加针。

⌒ =滑针

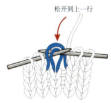
松开到上一行

①将左针上第1个针圈退出并松开并滑到上一行（根据花型的需要也可以滑多行），退出的针圈和松开的上一行毛线用右针挑起。

挑出线圈

②右针从退出的针圈和松开的上一行毛线中挑出毛线使这形成一个针圈。

③继续编织下一个针圈。

丫 或 **Y** =左加针

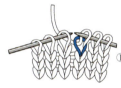

①左针第1针正常织。

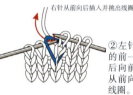
右针从前向后插入并挑出线圈

②左针尖端先从这针的前一行的针圈中从后向前挑起针圈。针从前向后插入并挑出线圈。

继续织左针挑起的这个线圈

③继续织左针挑起的这个线圈。实际意义是在这针的左侧增加了1针。

丫 或 **Y** =右加针

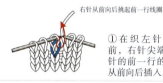
右针从前向后挑起前一行线圈

①在织左针第一针前，右针尖端先从这针的前一行的针圈中从前向后插入。

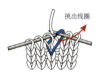
挑出线圈

②将毛线在右针上从下到上绕1次，并挑出绒线，实际意义是在这针的右侧增加了1针。

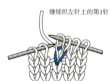
继续织左针上的第1针

③继续织左针上的第1针。然后此活结由左针滑脱。

✕ 或 **✕** =1针下针右上交叉

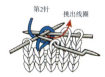
第2针　挑出线圈

①第1针不织移到曲针上，右针按箭头的方向从第2针针圈中挑出绒线。

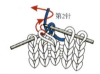
第2针

②再正常织第1针(注意：第1针是在织物前面经过)。

第1针　第2针

③右上交叉针完成。

✕ 或 **✕** =1针下针左上交叉

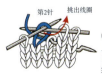
第2针　挑出线圈

①第1针不织移到曲针上，右针按箭头的方向从第2针针圈中挑出绒线。

第2针

②再正常织第1针(注意：第1针是在织物后面经过)。

第1针　第2针

③左上交叉针完成。

木 或 **✕** =3针并为1针，又加成3针

3 2 1

①右针由前向后从第3、第2、第1针(3个针圈中)插入。

②将毛线在右针尖端从下往上绕过，并挑出挂在右针尖上的线圈，左侧3个针圈不要松掉。

③将毛线在右针上从下到上再绕1次，并带紧线，实际意义是又增加了1针，左针圈仍不要松掉。

④继续在这3个针圈山编织①次。此时右针上形成了3个针圈。然后这3个针圈才由左针滑脱。

本书作品使用针法

 =2针下针和1针上针左上交叉

①将第1针上针拉长从织物后面经过第2和第3针下针。

②先织第2和第3针下针，再来织第1针上针。"2针下针和1针上针左上交叉"完成。

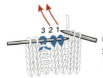 =2针下针和1针上针右上交叉

①将第3针上针拉长从织物后面经过第2和第1针下针。

②先织第3针上针，再来织第1和第2针下针。"2针下针和1针上针右上交叉"完成。

 =2针下针左上交叉

①先将第3、第4针从织物前面经过分别织它们，再将第1和第2针从织物后面经过并分别织好第1和第2针(在下面)。

②"2针下针左上交叉"完成。

 =2针下针右上交叉

①先将第3、第7针从织物后面经过并分别织好它们，再将第1和第2针从织物前面经过并分别织好第1和第2针(在上面)。

②"2针下针右上交叉"完成。

 =3针下针左上交叉

①先将第4、第5、第6针从织物前面经过并分别织好它们，再将第1、第2、第3针从织物后面经过并分别织好第1、第2和第3针(在下面)。

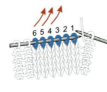

②"3针下针大上交叉"完成。

 =3针下针右上交叉

①先将第4、第5、第6针从织物后面经过并分别织好它们，再将第1、第2、第3针从织物前面经过并分别织好第1、第2和第3针(在上面)。

②"3针下针右上交叉"完成。

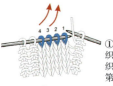 =1针左上套交叉

 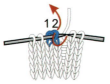  

①将第二针挑起套过第一针。

②再将右针由前向后插入第二针并挑出线圈。

③正常织第一针。

④"1针左上套交叉"完成。

=1针右上套交叉

  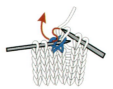 

①右针从第1、第2针插入将第2针挑起从第1针的针圈中通过并挑出。

②再将右针由前向后插入第2针并挑出线圈。

③正常织第1针。

④"1针右上套交叉"完成。

 =6针下针和1针下针左上交叉

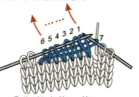

①先将第1下针拉长从织物后面经过第6、第5……第1针。

②分别织好第2、第3……第7针，再织第1针。"6针下针和1针下针左上交叉"完成。

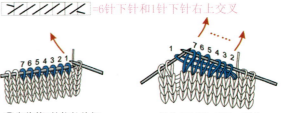 =6针下针和1针下针右上交叉

①先将第7下针拉长从织物后面经过第6、第5……第1针。

②先织好第7下针，再分别织好第1、第2……第6下针。"6针下针和1针下针右上交叉"完成。

典雅翻领大衣

墨绿色厚重而典雅，穿起来显得极有内涵，连襟的宽领随意散开，彰显卓越的气质。宽阔的双排扣极具个性，使这款衣服立刻脱颖而出，成为众人瞩目的焦点。

[做法：P081~082]

WOMEN'S

青灰色低调却大气，再加上宽大的
前襟和个性的翻领，穿上它不经意
间便能透出优雅时尚的明星范。

[做法：P083~084]

mature

成熟拼色大衣

褐色搭配编织的衣服看起来成熟稳重，披肩式的领子与领边镂空的花样时尚独特，腰间随意一条系带，又显气质不凡。

[做法：P085~086]

气质扭花纹大衣

长款对襟的样式，大气简约，衣身上的扭花纹设计
使衣服看起来不会显得冗长拖沓，保持整件衣服和
谐的美感。

[做法：P087~088]

■ 黑色修身长裙

黑色最显身材，尤其是紧身的长裙，更是将高贵典雅的气质展露无遗。袖口和裙边的镂空扭花纹设计很有质感，随风轻摆，风情自然播洒。

[做法：P089]

优雅修身长裙

修身的长款衣服，优雅大
气，对于紧身的款式，V领
设计将会使人看起来轻松简
约，不会拖泥带水。

[做法：P090~091]

WOMEN'S

淡雅中袖大衣

双排扣的款式，淡雅的颜色，OL风的翻领，满是时尚优雅之气。整件衣服设计简约，同色的纽扣作为装饰，极富质感。

[做法：P092~093]

■

端庄双排扣大衣

DIGNIFIED

咖啡色的大衣，穿起来端庄稳重，袖边的扣子可随意将长袖变成中袖，显得干脆利落，腰间的系带则使衣服不会因为颜色较暗而显得呆板。

[做法：P094~095]

■ 典雅长款大衣

浅棕色的衣服看起来典雅大方，而简约的折领和双排扣的设计更是时尚与复古的完美结合。

ELEGANT

[做法：P095~097]

清雅长大衣

一色的浅棕清雅宜人，收腰的系带使气质尽显，衣服线条流畅自然，保暖的同时不乏休闲随意。

[做法：P098~100]

DIGNIFIED

气质修身大衣

长款的样式修身显瘦，简洁的圆领明快干练。这款衣服款式简单却效果不俗，简约大方又明艳动人。

[做法：P101~103]

气质扭花大衣

因为是长款，所以扎上一条腰带修身效果会很不错，适合身材修长或想让自己显得修长的你穿着。

[做法：P104~106]

简约扭花纹长袖衫

低领对襟的款式简约自然，扭花纹长袖的样
式流畅修身，一排同色的扣子也起到了很好
的装饰作用。

[做法：P107]

KOREAN

■

韩版短袖衫

带点韩版味道的设计，比较时尚，低领的设计简单不拖沓，看起来更加清新自然，而素雅的颜色适合大多数女性穿着。

[做法：P108~109]

CONTRACTED

■ 简约白色开衫

纯白色的衣服给人的感觉干净淡
雅，配上大方简约的款式，更显
轻盈明快。

[做法：P110~111]

■

时尚长款针织衫

冷色调往往更能给人时尚的感觉，尤其是显
得肤色更加白皙，长款竖纹的样式更是修身
显瘦的不二款型。

[做法：P112~113]

淡雅高领衫

看似简约的款式，淡雅的颜色，
却拥有非凡的气质，动静之间，
魅力无穷。

[做法：P114~115]

024

REFINED

■

雅致长款开衫

浅灰的颜色秀美淡雅，衣身的镂空花样
设计精巧，V领的长款开衫，大气修身，
举手投足间带着一种自然休闲的味道。

[做法：P116~117]

DIGM
WOM

■ 气质扭花纹长毛衣

长袖长款的样式修身显瘦，宽大的圆形翻领
时尚个性。这款衣服款式简单却效果不俗，
简约大方又气质动人。

[做法：P118~119]

IFIED

端庄长毛衣

明快的扭花竖纹气质修身，一排银色的
纽扣熠熠生辉，为端庄稳重的咖啡色带
来些许跃动的感觉。

[做法：P120~121]

LEISURE

■

休闲连帽套头衫

这款衣服没有复杂的花样，仅仅是胸前整片的菱形镂空，和领口垂下的绒球，反倒显得更加休闲自然。两个大衣兜使衣服简单的纹路看起来不会太过单调。

[做法：P122~123]

■

时尚长款毛衣

领口下半圆形的镂空，显得时尚个性，这款
衣服没有设计纽扣，因为简单扎上一条腰
带，视觉效果将会更佳。

[做法：P124~125]

FASHION

大气连帽长毛衣

浅灰色低调却大气，宽大半袖的设计再加上精美的扭花纹，穿上它不经意间便能透出优雅时尚的明星范。

[做法：P126~127]

Breath
free

Free and Easy

潇洒长款毛衣

衣服只有一枚纽扣，简单随意，腰间的
系带既保证了衣服的整齐，也让这份随
意和洒脱能够充分展现。

[做法：P128~129]

休闲长款开衫

中袖长款开衫，流畅修身，衣襟没有安装
纽扣，随性一点也不错，而低领的设计又
带着轻松休闲风。

[做法：P130~131]

LEISURE

衣身上的线条直线滑落，明快柔顺，紧致修身的设计气质尽显，黑色腰带的搭配时尚感十足。

[做法：P132~134]

简约配色长毛衣

神奇的配色线在指尖轻盈飞舞，编织出一幅幅充满艺术气息的抽象画，远看似山、近看若水，灵动百变，一如性情多变的女人，那种美，需要用心去感受。

[做法：P135]

EASY

LEISURE

休闲连帽长毛衣

素雅的杏色跃动着青春的气息，而休闲的
款式则给予了这份青春的梦想一个释放自
我的空间。

[做法：P136~137]

休闲翻领针织衫

浅灰色干净素雅，绣有两朵小花的扇形翻领时尚个性，而衣身的扭花纹流畅自然，不经意间散发轻松休闲的味道。

[做法：P138~139]

大气翻领长毛衣

杏色端庄稳重，流畅的扭花纹看起来简约大气，大翻领的设计则显得个性而干练。

[做法：P140~141]

DIGNIFIED

Free
and
Easy

帅气小外套

细密整齐的针法看起来很厚实，可以在为你
带来美丽的同时为你遮风挡雨，小圆摆的设
计则显得活泼一点，不会过于呆板。

[做法：P142]

个性长袖开衫

衣服极具线条感，如裁剪过一般，清爽犀利，流线的镂空同样质感十足，尽显时尚风采。

[做法：P143]

优雅长毛衣

整件衣服线条明晰，设计简约，
衣身上流线形的扭花纹细密地凸
起，灵动而极富质感。

[做法：P144~145]

REFINED

WOMEN'S

■ 优雅配色长毛衣

黑色系的配色线编织出优雅大气的感
觉，开口的半袖比较个性，斜织的衣
兜和立领的设计都给人酷酷的感觉。

[做法：P146]

个性修身长大衣

蓝色厚重而典雅，穿起来显得极有内涵，流畅的扭花纹设计修身效果明显，彰显卓越气质。

[做法：P147~148]

SPECIAL

■

独特半袖长衫

半袖的设计和明快的镂空效果都极具个性，使这款衣服立刻脱颖而出，成为众人瞩目的焦点。

[做法：P149~150]

典雅翻领开衫

DIGNIFIED

前襟的纽扣可以不完全扣
好，简单随意一些也很不
错，衣身仅有两条大扭花
花样，简约独特而富有时
尚美感。

[做法：P151~152]

独特长毛衣

褐、灰两色的配色线使人看起来
成熟而富有风韵，紧身的长款毛
衣突显傲人的身材。

[做法：P153~154]

无袖休闲针织衫

衣服花样颇具动感，犹如海中的波浪连绵不绝，
层层翻滚，无袖的款式穿起来也备感清凉。

[做法：P155~156]

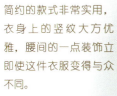

清雅短袖针织衫

简约的款式非常实用，
衣身上的竖纹大方优
雅，腰间的一点装饰立
即使这件衣服变得与众
不同。

[做法：P157~158]

DIGNIFIED

WOMEN'S

端庄连帽毛衣

低调淡雅的灰色毛衣，给人轻松休闲的
感觉，袖子流畅的竖纹和收束的衣摆又
有一定的修身效果，更显气质。

[做法：P158~159]

■

气质长款翻领衫

简单的花样、流畅的款型，整件衣服于自然之中蕴藏美感，大气的翻领更将这种优雅的气质完美展现。

[做法：P160~161]

Free and Easy

■ 简约偏襟大衣

干净的浅杏色配上长款的样式，简简单单也
能完美诠释大气的含义。前襟一枚簪子样式
的扣子，新颖独特。

[做法：P162~163]

Breath
free

古典对襟长毛衣

暗红色充满复古的感觉，而长款翻领的样式更增古典韵味，流线的花纹蜿蜒垂下，典雅而有质感。

[做法：P163~164]

清新套头毛衣

长袖套头的款式简约自然，横织的花纹
清新流畅，可以单穿，活泼可爱，也可
以秋冬季节用来打底。

[做法：P165]

PERS ALITY

■ 气质高领毛衣

深蓝色的衣服在世俗的喧嚣中给人
纯净安宁的感觉，高领套头的款式
舒适方便，适合春秋季节穿着。

[做法：P166~167]

个性短袖衫

横竖纹路相间的设计个性精巧，宽大的袖子
看起来大气简约又带有时尚性感的意味。

[做法：P168]

PERSONALITY

雅致V领长毛衣

浅灰的颜色清爽雅致，深V的领子充满个性，而衣襟与下摆相连的流线形花样，层次分明，富有美感。

[做法：P169~170]

ELEGANT

In good taste

■

大气修身长毛衣

低调的灰色帅气而不张扬，长袖紧身的款式
明显显瘦，腰间的系带装饰之余又很好地起
到收腰的效果，时尚大气。

[做法：P170~171]

ELEGANT

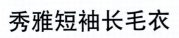

秀雅短袖长毛衣

青春的路上，或站或走，手自然地插在衣兜里，轻松随意，谱写着青春专属的快乐。

[做法：P172~173]

性感低领衫

纹路明晰的浅灰色衣身、深V的领子和宽大的
下摆，无一不是时尚性感的象征，而半袖设
计较之长袖则显得更加简练，不拖沓。

[做法：P174~175]

For
Sexy
girl

■

清雅连帽长毛衣

一色的浅灰清雅宜人，长袖连帽的设计使
气质尽显，衣服线条流畅自然，保暖的同
时还能完美修身。

[做法：P176~177]

端庄长袖外套

浅棕色的小外套，穿起来成熟稳重，对襟的设计，端庄大方，两个方形衣兜则使衣服不会因为花样单一而显得呆板。

[做法：P178~180]

DIGNIFIED

温暖小外套

咖啡色的衣服看起来大方稳重，拥有毛绒翻领的对襟小外套穿着将会非常温暖，衣襟两排装饰纽扣则避免了单调。

[做法：P180~181]

沉静长款大衣

长款大衣穿起来非常修身，腰间一条系带更能突显修长的身材，浅灰色则使人显得沉静内敛，气质极佳。

[做法：P182~183]

ELEGANT

PERSONALITY

■娴雅长袖开衫

衣服线条明快，大翻领的设计穿起来轻松休闲，一枚独特的大纽扣突显鲜明的个性，不同凡响。

[做法：P183~184]

个性长毛衣

衣身花样典雅大气，偏长的款式外加系带的
设计更加修身，毛绒的短袖则比较特别，个
性十足。

[做法：P185]

典雅长款毛衣

浅灰色的衣身大方典雅，平实的针法使衣服显得自然流畅，而袖边、衣襟的竖纹则为衣服增加了变化，避免一成不变之感。

[做法：P186~187]

In good taste

■

淡雅翻领大衣

衣服采用干净的灰色，大方自然，休闲风十足，而简约的设计则彰显时尚大气。

[做法：P188]

BLACK

KOREAN

■ 黑色韩版针织衫

衣服花样不多，袖子流畅的竖纹简单大气，胸前的系带将衣服分成两部分，带点韩版的味道。

[做法：P189]

BEAUTIFUL

秀美长袖开衫

整件衣服看起来就像一只蝴蝶，轻盈飘逸，似在明媚的春日里尽情舞蹈，秀出自我。

[做法：P190]

■ 艳丽长款毛衣

衣身上流线形的花样一气呵成，使衣服的款型看起来更加流畅自然，扎上一条腰带，顿显时尚动感。

[做法：P191~193]

■ 灰色大气长款衣

GARY

衣身上的线条直线滑落，明快柔顺，衣服很有
垂感，三枚纽扣随意扣起，更显气质不俗。

[做法：P194~195]

粉色柔美大衣

淡淡的粉色，恰如女性的温柔秀雅，明晰流畅的花纹自然垂落，显得身材更加高挑，圆形的纽扣闪闪发亮，还能起到装饰作用。

[做法：P196~198]

PINK

粉色秀美长毛衣

淡粉的颜色给人温馨甜美的感觉，
穿的时候也可以扎上一条宽腰带，
起到收腰的效果，以便让身材显得
更加修长。

[做法：P199~200]

清纯女生外套

干净的白色给人清纯素雅的感觉，毛绒的衣边和圆摆开衫的款式穿起来更像一只翩翩起舞的蝴蝶，轻盈灵动。

[做法：P201~202]

PERSONALITY

清雅蝙蝠衫

纯白的颜色清新淡雅，衣服花样精致而简约，给人自由洒脱的感觉，袖子与衣身相连，时尚个性。

[做法：P202~203]

BEAUTIFUL

DIGNIFIED

■

休闲无袖开衫

衣服偏长的款式极显身材，清凉无袖的设计和镂空的花样，休闲风十足，非常适合初夏季节穿着。

[做法：P204]

WOMEN's

In
good
taste

温暖对襟外套

衣服花样简约大方，腰间一条系带，避免
单调，咖啡色的毛领温暖舒适，适合秋冬
季节穿着。

[做法：P205]

无袖修身长毛衣

无袖长款的设计修身效果极佳，大大的装饰口袋极具个性，又避免一成不变的质感，穿起来气质尽显。

[做法：P206~208]

典雅翻领大衣

【成品规格】衣长80cm，下摆宽54cm，袖长73cm
【工　　具】9号棒针
【编织密度】16.4针×24.25行=10cm²
【材　　料】灰色腈纶线1100g，包扣14枚，暗扣14对

前片、后片制作说明

1. 棒针编织法，用9号棒针。由左前片、右前片、后片组成，从下往上编织。

2. 前片的编织。由右前片和左前片组成，以右前片为例。

① 起针，双罗纹起针法，起30针，编织花样A罗纹针，不加减针，织22行的高度。

② 袖隆以下的编织。第23行起，全织上针，在编织过程中，当织成18行时，进行口袋的编织，织片分成两半各自编织，两前片都是从侧缝算起13针的距离，右前片的右边近口袋侧是加针编织，而左边是减针编织。加针是每织6行加1针，加7次，减针是每织6行减1针，减7次。织成42行后，将所有的针数并为1片进行编织。继续往上编织，不加减针，全织上针，再织56行至袖隆。此时前片织成138行。下一步是袖隆以上的编织。

③ 袖隆以上的编织。右前片的右边侧缝进行袖隆减针，先平收3

针，然后每织6行减2针，减3次。左边衣襟继续编织成36行时，下一行开始领边减针，从左向右，将2针收针掉，然后每织2行减1针，减3次，不加减针再织14行，织成20行的高度，余下16针，收针断线。

④ 编织口袋装饰的罗纹针花样，起38针，不加减针织12行的高度后，收针断线，将之与袋口缝合，作袋口这边不缝合。

⑤ 相同的方法去编织左前片。

3. 后片的编织。双罗纹起针法，起87针，编织花样A双罗纹针，不加减针，织22行的高度，然后第23行起，全织上针，两侧缝无加减针变化，织116行上针后至袖隆，然后袖隆起减针，方法与前片相同。当衣服织至第187行时，中间将25针收针收掉，两边相反方向减针，每织2行减2针，减2次，每织2行减1针，减2次，织成后领边，两肩部余下16针，收针断线。

4. 拼接。将前后片的肩部对应缝合，将两侧缝对应缝合。

符号说明：

□	上针
□=国	下针
2-1-3	行-针-次
↑	编织方向

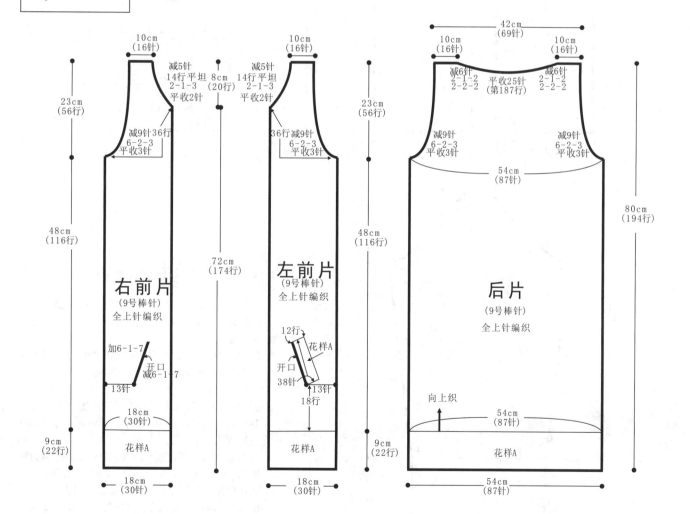

96针

领片
(9号棒针)

花样B

37cm
(90行)

248针

衣襟
(9号棒针)

109cm
(248针)

109cm
(249针)

花样B

花样B

花样B

26cm
(64行)

26cm
(64行)

1. 棒针编织法，用9号棒针，先编织衣领，再编织衣襟。

2. 领片的编织，沿着前后衣领边，挑出90针，来回编织，编织花样B罗纹针，不加减针织90行的高度后，收针断线。

3. 衣襟的编织。沿着衣襟边和完成的衣领侧边，挑针起织花样B罗纹针，挑248针，来回编织，不加减针织64行的高度，收针断线。在右衣襟的表面，如结构图所示的位置，钉上包扣，在衣襟的内侧，在包扣的对应位置钉上暗扣。在左衣襟上，对应右衣襟的位置，钉上暗扣。

花样A

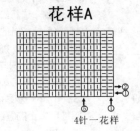

4针一花样

花样B

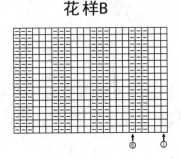

余22针

减19针
6-2-8
平收3针

减19针
6-2-8
平收3针

20cm
(48行)

73cm
(178行)

20行

36cm
(60针)

往上织花样B

37cm
(90行)

袖
侧
缝

70行
上针

袖片
(9号棒针)

袖
侧
缝

6行平坦
加14-1-6

6行平坦
加14-1-6

花样B

16cm
(40行)

29cm
(48针)

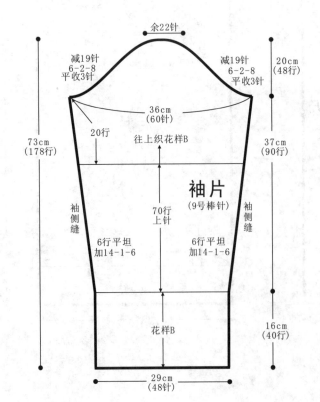

袖片制作说明

1. 棒针编织法，长袖。从袖口起织。袖山收圆肩。

2. 起针，单罗纹起针法，用9号棒针起织，起48针，来回编织。

3. 袖口的编织，起针后，编织花样B罗纹针，无加减针编织40行的高度后，进入下一步袖身的编织。

4. 袖身的编织，从第41行，编织上针，上针花样织成70行，余下的全织花样B。两袖侧缝加针，每织14行加1针，加6次，织成84行，再织6行后，完成袖身的编织。

5. 袖山的编织，两边减针编织，减针方法为，两边各平收3针，然后每织6行减2针，减8次，余下22针，收针断线。以相同的方法，再编织另一只袖片。

6. 缝合，将袖片的袖山边与衣身的袖隆边对应缝合。将袖侧缝缝合。

优雅大气大衣

【成品规格】衣长80cm，下摆宽54cm，袖长73cm
【工　　具】9号棒针
【编织密度】16.4针×24.25行=10cm²
【材　　料】青灰色腈纶线1100g

前片、后片制作说明

1. 棒针编织法，用9号棒针。由左前片、右前片、后片组成，从下往上编织。

2. 前片的编织。由右前片和左前片组成，以右前片为例。

① 起针，双罗纹起针法，起30针，编织花样A罗纹针，不加减针，织22行的高度。

② 袖窿以下的编织。第23行起，全织上针，在编织过程，当织成18行时，进行口袋的编织，织片分成两半各自编织，两前片都是从侧缝算起13针的距离，右前片的右边近口袋侧是加针编织，而左边是减针编织。加针是每织6行加1针，加7次，减针是每织6行

减1针，减7次。织成42行后，将所有的针数并为1片进行编织。继续往上编织，不加减针，全织上针，再织56行至袖窿。此时前片织成138行。下一步是袖窿以上的编织。

③ 袖窿以上的编织。右前片的右边侧缝进行袖窿减针，先平收3针，然后每织6行减2针，减3次。左边衣襟继续编织成36行时，下一行开始领边减针，从左向右，将2针收针掉，然后每织2行减1针，减3次，不加减针再织14行，织成20行的高度，余下16针，收针断线。

④ 编织口袋装饰的罗纹针花样，起38针，不加减针织12行的高度后，收针断线，将之与袋口缝合，作袋口这边不缝合。

⑤ 相同的方法去编织左前片。

3. 后片的编织。双罗纹起针法，起87针，编织花样A双罗纹针，不加减针，织22行的高度，然后第23行起，全织上针，两侧缝无加减针变化，织116行上针后至袖窿，然后袖窿起减针，方法与前片相同。当衣服织至第187行时，中间将25针收针收掉，两边相反方向减针，每织2行减2针，减2次，每织2行减1针，减2次，织成后领边，两肩部余下16针，收针断线。

4. 拼接。将前后片的肩部对应缝合，将两侧缝对应缝合。

符号说明：

□	上针
□=□	下针
2-1-3	行-针-次
↑	编织方向

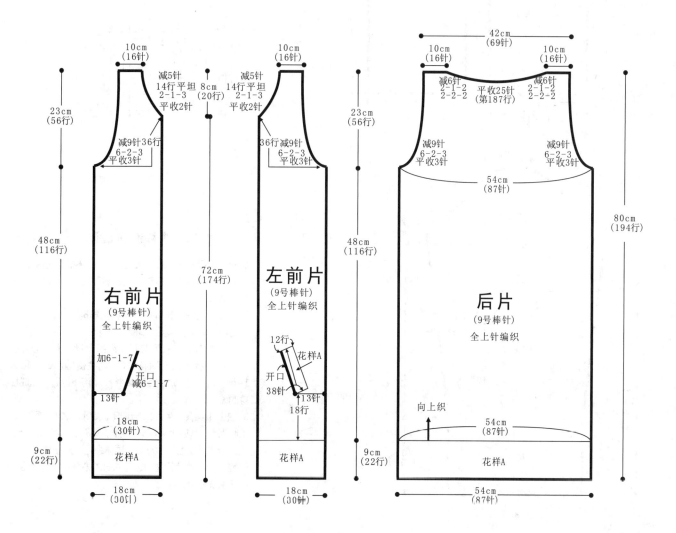

右前片（9号棒针）全上针编织

左前片（9号棒针）全上针编织

后片（9号棒针）全上针编织

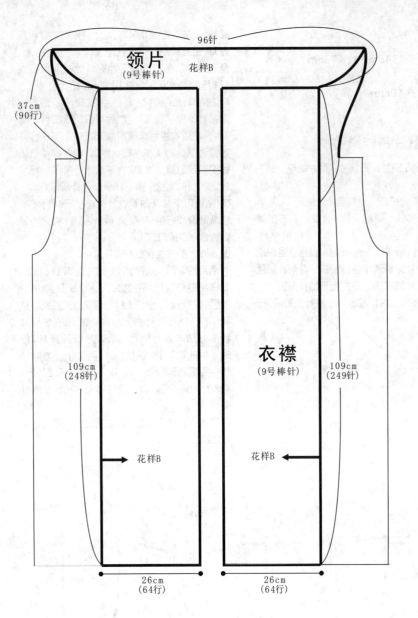

领片
(9号棒针) 花样B

96针

37cm
(90行)

109cm
(248针)

衣襟
(9号棒针)

109cm
(249针)

花样B

花样B

26cm
(64行)

26cm
(64行)

1. 棒针编织法，用9号棒针，先编织衣领，再编织衣襟。

2. 领片的编织，沿着前后衣领边，挑出96针，来回编织，编织花样B罗纹针，不加减针织90行的高度后，收针断线。

3. 衣襟的编织。沿着衣襟边和完成的衣领侧边，挑针起织花样B罗纹针，挑248针，来回编织，不加减针织64行的高度，收针断线。

花样A

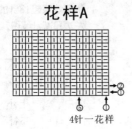

4针一花样

花样B

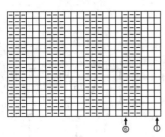

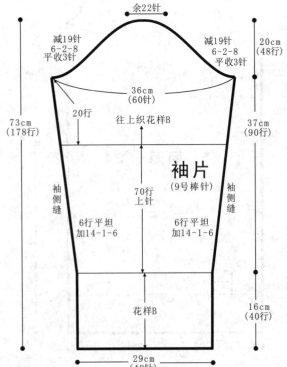

余22针

减19针
6-2-8
平收3针

减19针
6-2-8
平收3针

20cm
(48行)

36cm
(60针)

20行

往上织花样B

73cm
(178行)

37cm
(90行)

袖片
(9号棒针)

袖侧缝

70行
上针

袖侧缝

6行平坦
加14-1-6

6行平坦
加14-1-6

花样B

16cm
(40行)

29cm
(48针)

袖片制作说明

1. 棒针编织法，长袖。从袖口起织。袖山收圆肩。

2. 起针，单罗纹起针法，用9号棒针编织，起48针，来回编织。

3. 袖口的编织，起针后，编织花样B罗纹针，无加减针编织40行的高度后，进入下一步袖身的编织。

4. 袖身的编织，从第41行，编织上针，上针花样织成70行，余下的全织花样B。两袖侧缝加针，每织14行加1针，加6次，织成84行，再织6行后，完成袖身的编织。

5. 袖山的编织，两边减针编织，减针方法为，两边各平收3针，然后每织6行减2针，减8次，余下22针，收针断线。以相同的方法，再编织另一只袖片。

6. 缝合，将袖片的袖山边与衣身的袖窿边对应缝合。将袖侧缝缝合。

成熟拼色大衣

【成品规格】衣长80cm，下摆宽57cm
【工　　具】8号棒针，10号棒针
【编织密度】14针×22行=10cm²
【材　　料】深褐色、棕色浅腈纶线各200g，浅黄色100g

前片、后片制作说明

1. 棒针编织法，用8号棒针。由左前片、右前片、后片组成，前片从侧缝往衣襟方向编织，后片从下往上编织。

2. 前片的编织。由右前片和左前片组成，以右前片为例，从右侧缝起织。由3种颜色的线组合编织而成。

① 起针，单罗纹起针法，用深褐色线起织，起86针，编织花样A单罗纹针，织片的左侧加针，右侧不加减针，加针方法是每织2行加出6针，共加4次，织成8行后，针数全部为110针，再24行后，完成深褐色线的编织，下一行改用棕色线编织，不加减针编织单罗纹针，织32行的高度后，改用浅黄色线编织，同样不加减针织32行的高度后，收针断线。完成右前片的编织。

② 左前片的编织方法与右前片相同，但加针的位置在右侧。

3. 后片的编织。后片全用深褐色线编织，从衣摆往上编织。单罗纹起针法，起80针，编织花样A双罗纹针，两侧缝进行加减针变化，先是织22行减1针，减2次，然后不加减针再织92行，至袖隆，然后袖隆起减针，每织6行减2针，减4次，织成24行，不加减针再织16行后，余下60针，将所有的针数收针并断线。

4. 拼接。将前后片的肩部，选取10cm的宽度对应缝合，将两侧缝对应缝合。

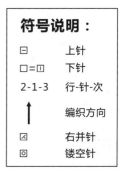

符号说明：

⊟	上针
□=⊡	下针
2-1-3	行-针-次
↑	编织方向
☑	右并针
◉	镂空针

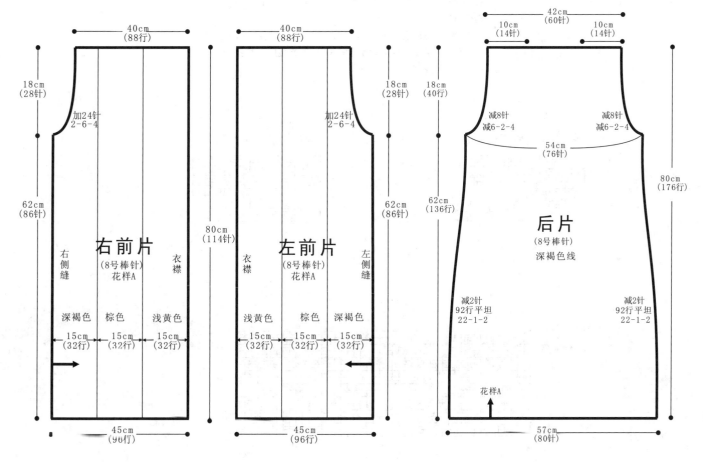

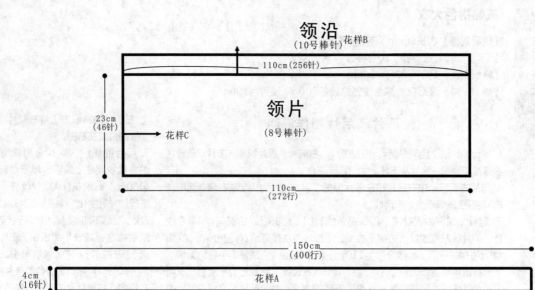

领沿
(10号棒针)花样B

110cm(256针)

领片
(8号棒针)

23cm
(46针)

花样C

110cm
(272行)

150cm
(400行)

4cm
(16针)

花样A

系带(10号棒针)

领片、系带制作说明

1. 棒针编织法，由大领片和领前沿组成，先编织领片。

2. 领片起针，用棕色线编织，下针起针法，起46针，依照花样C分配好花样编织，不加减针编织272行的高度后，收针断线。

3. 领前沿的编织，沿着领片的一长边，挑针起织花样B双罗纹针，不加减针编织10行的高度后，收针断线。

4. 将另一长边，以中心对应衣身后衣领的中心，将两边对称缝合。

5. 系带的编织，用深褐色线编织。起16针。来回编织花样A单罗纹针，不加减针，织400行的长度后，收针断线。衣服完成。

花样A（单罗纹）

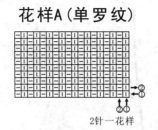

2针一花样

花样B（双罗纹）

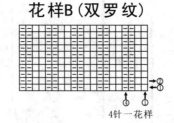

4针一花样

花样C
(领片图解)

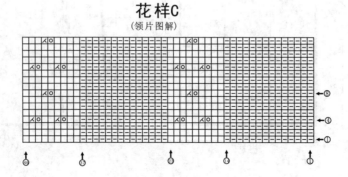

气质扭花纹大衣

【成品规格】衣长80cm，下摆宽54cm，袖长73cm

【工　　具】9号棒针

【编织密度】16.4针×24.25行＝10cm²

【材　　料】灰色腈纶线1100g，大扣子5枚

前片、后片制作说明

1. 棒针编织法，用9号棒针。由左前片、右前片、后片组成，从下往上编织。

2. 前片的编织。由右前片和左前片组成，以右前片为例。

① 起针，双罗纹起针法，起52针，编织花样A双罗纹针，不加减针，织22行的高度。在最后一行时，将双罗纹针的2针上针并为1针，整个织片减少15针，织片余37针。

② 袖隆以下的编织。第23行起，分配成花样B进行编织，在编织过程中，当织成18行时，进行口袋的编织，织片分成两半各自编织，两前片都是从侧缝算起13针的距离，右前片的右边近口袋侧是加针编织，而左边是减针编织。加针是每织6行加1针，加7次，减针是每织6行减1针，减7次。织成42行后，将所有的针数并为1片进行编织。继续往上编织，织成16行后，完成花样B的编织。下一行全织下针，共织6行，这部分是作系带穿过的孔道所用，织成6行后，下一行起，分配成花样C进行编织，织成34行后，至袖隆。此时前片织成138行。下一步是袖隆以上的编织。

③ 袖隆以上的编织。右前片的右边侧缝进行袖隆减针，先平收3针，然后每织6行减2针，减3次。左边衣襟继续编织成36行时，下一行开始领边减针，从左向右，将2针收针掉，然后每织2行减1针，减6次，不加减针再织8行，织成20行的高度，余下20针，收针断线。

④ 编织口袋装饰的罗纹针花样，起38针，不加减针织12行的高度后，收针断，将之与袋口缝合，作袋这边不缝合。

⑤ 相同的方法去编织左前片。

3. 后片的编织。双罗纹起针法，起116针，编织花样A双罗纹针，不加减针，织22行的高度。在最后一行时，将双罗纹针的2针上针并为1针，整个织片减少29针，织片余下87针。然后第23行起，全织下针，两侧缝无加减针变化，织116行下针后至袖隆，然后袖隆起减针，方法与前片相同。当衣服织至第187行时，中间将17针收针掉，两边相反方向减针，每织2行减2针，减2次，每织2行减1针，减2次，织成后领边，两肩部余下20针，收针断线。

4. 拼接。将前后片的肩部对应缝合，将两侧缝对应缝合。

符号说明：

□	上针
□=□	下针
2-1-3	行-针-次
↑	编织方向
🗍	上针延伸针
⧄	左上3针与右下3针交叉
⊠	左并针
⊠	右并针
⊡	镂空针

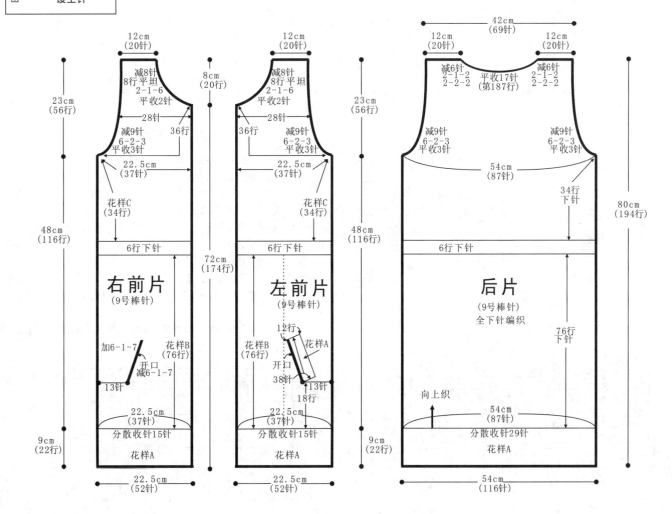

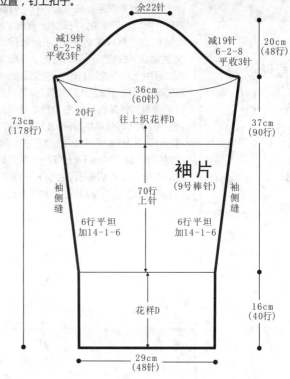

领片、衣襟制作说明

1. 棒针编织法，用9号棒针，先编织衣领，再编织衣襟。

2. 领片的编织，沿着前后衣领边，挑出160针，来回编织，编织花样A双罗纹针，不加减针织90行的高度后，收针断线。

3. 衣襟的编织。沿着衣襟边和完成的衣领侧边，挑针起织花样A双罗纹针，挑248针，来回编织，不加减针织20行的高度后，收针断线。右衣襟要制作5个扣眼，在第11行里，织完4针时，开始制作扣眼，先将接下来的6针收针，然后继续再织28针双罗纹，再将接下来的6针收针，再继续织28针双罗纹，第三次将接下来的6针收针，如此重复，共制作5个扣眼，返回编织时，当织至收针处，用单起针法，将这些针数重起，即起6针，再接上双罗纹编织，同样的方法编织余下的扣眼，完成这行扣眼后，再织9行后，收针断线。在左衣襟上，对应右衣襟的位置，钉上扣子。

袖片制作说明

1. 棒针编织法，长袖。从袖口起织。袖山收圆肩。

2. 起针，单罗纹起针法，用9号棒针起织，起48针，来回编织。

3. 袖口的编织，起针后，编织花样D罗纹针，无加减针编织40行的高度后，进入下一步袖身的编织。

4. 袖身的编织，从第41行，编织上针，上针花样成70行，余下的全织花样D。两袖侧缝加针，每织14行加1针，加6次，织成84行，再织6行后，完成袖身的编织。

5. 袖山的编织，两边减针编织，减针方法为，两边各平收3针，然后每织6行减2针，减8次，余下22针，收针断线。以相同的方法，再编织另一只袖片。

6. 缝合，将袖片的袖山边与衣身的袖窿边对应缝合。将袖侧缝缝合。

花样A（双罗纹）

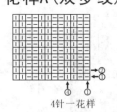

花样D

花样B

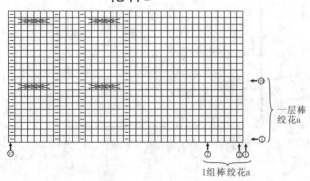

花样C

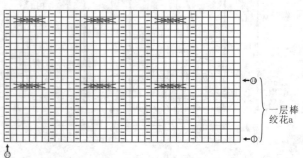

黑色修身长裙

【成品规格】衣长80cm，下摆宽51cm，袖长66cm
【工　　具】11号棒针
【编织密度】22针×30行=10cm²
【材　　料】黑色羊毛线750g

前片、后片制作说明

1. 棒针编织法，衣身分为前片、后片分别编织而成。
2. 起织后片，起112针，起织花样B，一边织一边两侧减针，方法为12-1-8，织至96行，两侧不再加减针，织至162行，两侧同时减针织成袖窿，减针方法为1-4-1、2-1-6，两侧针数各减少10针，余下针数继续编织，织至第216行时，中间留起32针不织，两侧减针织

成后领，方法为2-1-2，织至219行，两肩部各余下20针，收针断线。
3. 起织前片，起112针，起织花样B，一边织一边两侧减针，方法为12-1-8，织至96行，两侧不再加减针，织至162行，将织片从中间分开成左右两片分别编织，中间减针织成前领，方法为2-1-18，左右两侧同时减针织成袖窿，减针方法为1-4-1、2-1-6，两侧针数各减少10针，余下针数继续编织，织至219行，两肩部各余下20针，收针断线。
4. 将前片的侧缝分别与后片缝合，将左右肩部缝合。

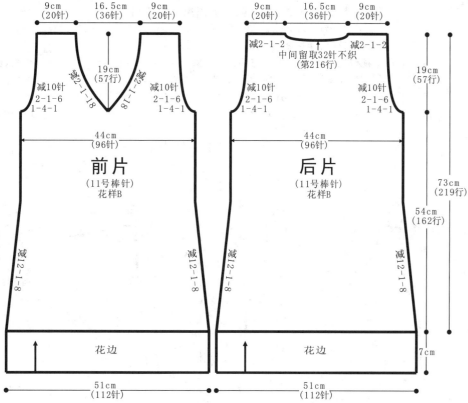

符号说明：

□	上针
□=①	下针
2-1-3	行-针-次

前片
(11号棒针)
花样B

后片
(11号棒针)
花样B

9cm(20针)　16.5cm(36针)　9cm(20针)
19cm(57行)
减2-1-18
减10针 2-1-6 1-4-1
44cm(96针)
减12-1-8
花边
51cm(112针)

9cm(20针)　16.5cm(36针)　9cm(20针)
减2-1-2　中间留取32针不织(第216行)　减2-1-2
减10针 2-1-6 1-4-1
44cm(96针)
19cm(57行)
73cm(219行)
54cm(162行)
减12-1-8
7cm
花边
51cm(112针)

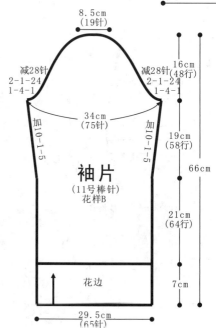

袖片
(11号棒针)
花样B

8.5cm(19针)
减28针 2-1-24 1-4-1
16cm(48行)
加10-1-5
34cm(75针)
19cm(58行)
66cm
21cm(64行)
花边
7cm
29.5cm(65针)

袖片制作说明

1. 棒针编织法，编织两片袖片。从袖口起织。
2. 起65针，织花样B，织至64行，两侧加针编织，方法为10-1-5，织至122行，两侧减针织成袖窿，方法为1-4-1、2-1-24，织至170行，余下19针，收针断线。
3. 同样的方法再编织另一袖片。
4. 缝合方法：将袖山对应前片与后片的袖窿线，用线缝合，再将两袖侧缝对应缝合。

花样A

花样B

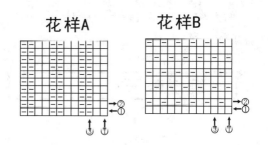

领片

领片
(11号棒针)
花样A
4cm(10行)

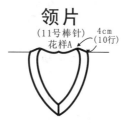

领片制作说明

1. 棒针编织法，往返编织。
2. 起120针，织花样A，一边织一边两侧减针，方法为2-1-5，织10行后，双罗纹针收针法收针。
3. 将领片对应前后领口边沿缝合，领尖缝合。

优雅修身长裙

【成品规格】衣长103cm，袖长58cm，下摆宽60cm
【工　　具】10号棒针
【编织密度】14针×30行=10cm²
【材　　料】浅黑色腈纶线800g

前片、后片制作说明

1. 棒针编织法，用11号棒针。由前片、后片和衣摆缠绕带子组成，从下往上编织。

2. 前片的编织。袖窿以下一片编织而成，袖窿以上分成左右两片各自编织。

① 起针，单罗纹起针法，起84针，编织花样A单罗纹针，不加减针，4行的高度。

② 袖窿以下的编织。第5行起，分配成花样B进行编织，两侧侧缝进行加减针变化，右侧缝加减针的方法是，先织12行减1针，减10次，然后不加减针织28行的高度时，再每织12行加1针加4次，织成196行的高度，至袖窿。

③ 袖窿以上的编织。分成左右两片各自编织，每片的针数为36针，以右片为例说明，右边侧缝进行袖窿减针，每织6行减2针，减4次。左边衣领减针，从左向右，每织4行减1针，减20次，不加减针再织4行，织成84行的高度，余下8针，收针断线。

④ 相同的方法去编织左片。

3. 后片的编织。单罗纹起针法，起84针，编织花样A单罗纹针，不

加减针，织4行的高度。然后第5行起，编织花样B，两侧缝进行加减针变化，先是织12行减1针，减10次，不加减针再织28行，最后是每织12行加1针，加4次。至袖窿，然后袖窿起减针，方法与前片相同。当衣服织至第277行时，中间将28针收针收掉，两边相反方向减针，每织2行减2针，减2次，每织2行减1针，减2次，织成后领边，两肩部余下8针，收针断线。

4. 拼接。将前后片的肩部对应缝合，将两侧缝对应缝合。

5. 缠绕带子的编织。带子是用环织的方法，起8针，首尾连接，进行环织，全织下针，编织250cm的长度，如果不确定需要织多长，可以在适当长度时，将最后一行用别的线穿过去眼，毛线留适当长再剪断。缠绕方法很简单，如结构图所示，从起编处开始，打个圈，再打个圈，从第1个圈穿过，并在第2个圈的带子下穿过，然后重复前面的操作。直到做成的圈子，能与衣服的下摆边长度相等，最后将带子最后一行与起始行连接成圈，再将带子铺平，将一边长边，与衣服的下摆边用线连接。袖口的带子做法也相同，不再重复说明。

符号说明：

□	上针
□=□	下针
2-1-3	行-针-次
↑	编织方向
	延伸针

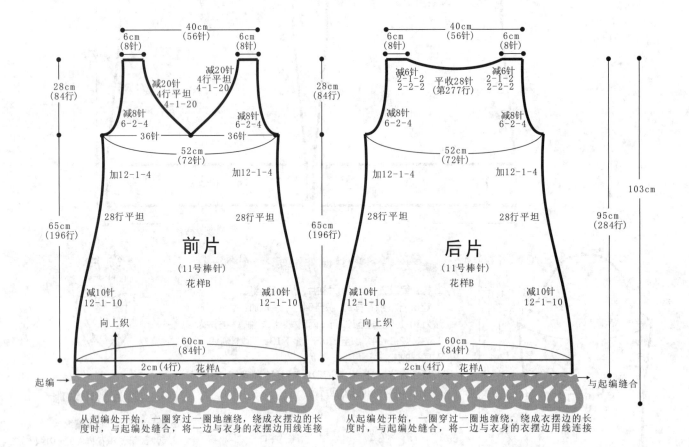

前片（11号棒针）花样B

40cm（56针）
6cm（8针）　6cm（8针）
减20针 4行平坦 4-1-20
减20针 4行平坦 4-1-20
减8针 6-2-4
36针　36针
52cm（72针）
加12-1-4　加12-1-4
28cm（84行）
28行平坦
65cm（196行）
减10针 12-1-10　减10针 12-1-10
向上织
60cm（84针）
2cm（4行）花样A
起编→

从起编处开始，一圈穿过一圈地缠绕，绕成衣摆边的长度时，与起编处缝合，将一边与衣身的衣摆边线连接

后片（11号棒针）花样B

40cm（56针）
6cm（8针）　6cm（8针）
减6针 2-1-2 2-2-2　平收28针（第277行）　减6针 2-1-2 2-2-2
减8针 6-2-4　减8针 6-2-4
52cm（72针）
加12-1-4　加12-1-4
28cm（84行）
28行平坦
65cm（196行）
减10针 12-1-10　减10针 12-1-10
向上织
60cm（84针）
2cm（4行）花样A
与起编缝合

103cm
95cm（284行）

从起编处开始，一圈穿过一圈地缠绕，绕成衣摆边的长度时，与起编处缝合，将一边与衣身的衣摆边线连接

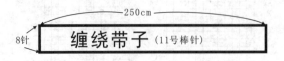

250cm
8针　**缠绕带子**（11号棒针）

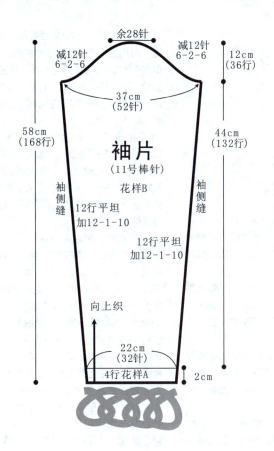

余28针

减12针
6-2-6

减12针
6-2-6

12cm
(36行)

37cm
(52针)

58cm
(168行)

44cm
(132行)

袖片
(11号棒针)

花样B

袖侧缝

袖侧缝

12行平坦
加12-1-10

12行平坦
加12-1-10

向上织

22cm
(32针)

4行花样A

2cm

袖片制作说明

1. 棒针编织法，长袖。从袖口起织。袖山收圆肩。

2. 起针，单罗纹起针法，用11号棒针起织，起32针，来回编织。

3. 袖口的编织，起针后，编织花样A单罗纹针，无加减针编织4行的高度后，进入下一步袖身的编织。

4. 袖身的编织，从第5行，编织花样B，两袖侧缝加针，每织12行加1针，加10次，织成120行，再织12行后，完成袖身的编织。

5. 袖山的编织，两边减针编织，减针方法为，两边每织6行减2针，减6次，余下28针，收针断线。以相同的方法，再编织另一只袖片。

6. 缝合，将袖片的袖山边与衣身的袖隆边对应缝合。将袖侧缝缝合。袖口的缠绕带子织法与衣身的相同，不再重复说明。

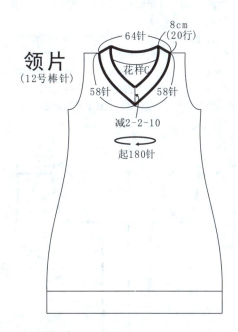

8cm
(20行)

64针

领片
(12号棒针)

花样C

58针

58针

减2-2-10

起180针

领片、衣襟制作说明

1. 棒针编织法，用12号棒针。

2. 领片的编织，沿着前后衣领边，挑出180针，环织，编织花样C双罗纹针，在前衣领V点处，进行并针编织，每织2针，将3针并为1针，中间1针在上，共并针10次，其他地方编织花样C双罗纹针，织20行的高度后，全部收针断线。

花样B
(衣身花样图解)

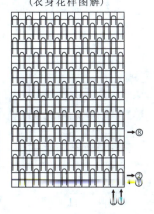

⑧←

②←
①→

花样A（单罗纹）

②←
①→

2针一花样

花样C（双罗纹）

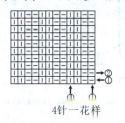

②←
①→

4针一花样

淡雅中袖大衣

【成品规格】衣长86cm，袖长51cm，下摆宽62cm
【工　　具】10号棒针
【编织密度】23.2针×26.7行=10cm²
【材　　料】灰色腈纶线800g，白色扣子10枚

前片、后片制作说明

1. 棒针编织法，用10号棒针。由左前片、右前片、后片组成，从下往上编织。

2. 前片的编织。由右前片和左前片组成，以右前片为例。

① 起针，双罗纹起针法，起86针，编织花样A双罗纹针，不加减针，织18行的高度。在最后一行时，将双罗纹针的2针上针并为1针，整个织片减少21针，织片余下65针。

② 袖窿以下的编织。第19行起，全部编织下针，右前片的右侧侧缝进行加减针变化，左侧衣襟边不进行加减针。右侧缝加减针的方法是，先织20行减1针，减1次，每织12行减1针，减4次。然后不加减针织22行的高度时，再每织12行加1针加3次，织成126行的高度，至袖窿。左前片的加减针是左侧缝，右侧衣襟不加减针。

③ 袖窿以上的编织。右前片的右边侧缝进行袖窿减针，每织6行减2针，减4次。左边衣襟继续编织成44行时，下一行开始领边减针，从左向右，将22针收针减掉，然后每织2行减3针，减1次，每织2行减2针，减2次，最后是每织2行减1针，减8次，共减掉37针，然后不加减针织20行后，至肩部，余下18针，收针断线。

④ 口袋的编织，从第19行起至44行时，将织片分成两半各自编织，两前片都是从侧缝算起16针的距离，右前片的右边近口袋边是加针编织，而左边是减针编织。加针是每织4行加1针，加5次，减针是每织4行减1针，减5次。织成20行后，将所有的针数并为1片进行编织。

⑤ 扣眼的编织。本款衣服的扣眼较大，是竖向扣眼，要将织片分成多片编织。只有右前片需要制作4个扣眼。当织片织至75行时，从左算起，取6针单独编织，全织下针，织8行的高度，再

另取线，将第7~17针单独编织，织8行的高度，再用线将余下的针数单独编织，也是织8行的高度，最后将3片的针数连接成1片继续编织。再织26行时，重复一次前面的织法，再制作2个扣眼，完成4个扣眼后，继续编织余下的行数。

⑥ 带扣的制作，单独编织，起7针，正面全织下针，返回织上针，不加减针织16行的高度时，两边同时减针，每织2行减1针，减3次，织成6行，余下1针，收针断线。相同的方法再制作1个带扣，将之缝在前片的腰间适当位置。

⑦ 相同的方法去编织左前片。

3. 后片的编织。双罗纹起针法，起190针，编织花样A双罗纹针，不加减针，织18行的高度。在最后一行时，将双罗纹针的2针上针并为1针，整个织片减少21针，织片余下143针。然后第19行起，全织下针，两侧缝进行加减针变化，先是织20行减1针，减1次，然后每织12行减1针，减4次，不加减针再织22行，最后是每织12行加1针，加3次。至袖窿，然后袖窿起减针，方法与前片相同。当衣服织至第223行时，中间将75针收针收掉，两边相反方向减针，每织2行减2针，减2次，每织2行减1针，减2次，织成后领边，两肩部余下18针，收针断线。

4. 拼接。将前后片的肩部对应缝合，将两侧缝对应缝合。

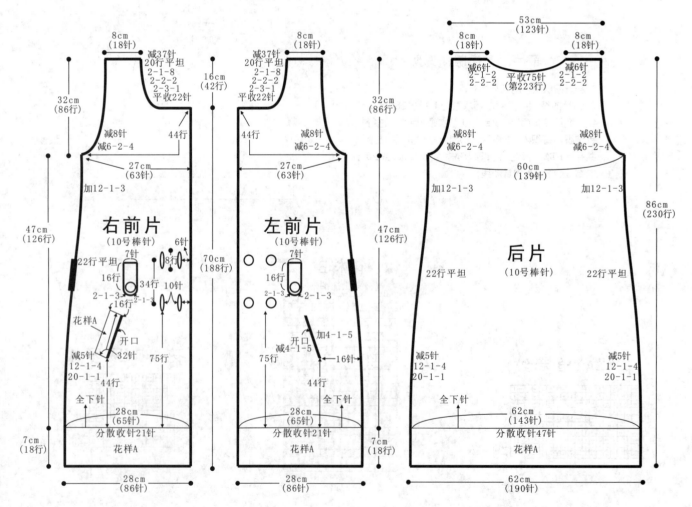

092

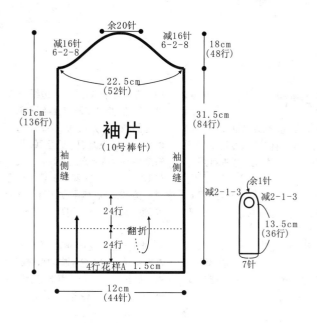

1. 棒针编织法,中长袖。从袖口起织。袖山收圆肩。

2. 起针,双罗纹起针法,用10号棒针起织,起44针,来回编织。

3. 袖口的编织,起针后,编织花样A双罗纹针,无加减针编织4行的高度后,进入下一步袖身的编织。

4. 袖身的编织,从第5行,全织下针,两袖侧缝不加减针,行数织成84行,完成袖身的编织。

5. 袖山的编织,两边减针编织,减针方法为,两边每织6行减2针,减8次,余下20针,收针断线。以相同的方法,再编织另一只袖片。

6. 制作2个带扣,起7针,正面织下针,返回织上针,不加减针织36行的高度后,两边同时减针,每织2行减1针,减3次,余下1针,收针断线。

7. 如结构图所示,将第5行至29行向外翻起,将带针的起针处缝于袖中轴内侧,尖端将袖身用扣子钉牢。

8. 缝合,将袖片的袖山边与衣身的袖窿边对应缝合。将袖侧缝缝合。

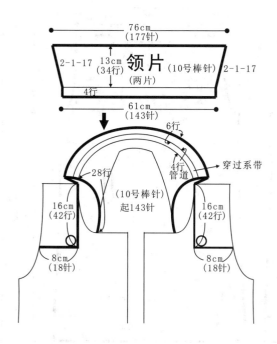

领片制作说明

1. 棒针编织法,用10号棒针,编织两片领片,拼成一片。

2. 起针,下针起针法,起143针,来回编织,正面全织下针,返回时全织上针,不加减针织4行的高度后,两侧边进行加针编织,每织2行加1针,加17次,织成34行的高度,收针断线,相同的方法再织多一片。

3. 缝合,将起针行缝合,两侧边缝合,从第1行至第28行进行缝合,第29行至32行不缝合,余下的行数全缝合。将顶边缝合。不缝合的4行之间,用针缝出一条隔离缝,形成一条管道,在这管道上,穿过装饰系带。

4. 将领片的起始边,缝合衣服的领边上。

5. 再制作两片肩部装饰织片,起18针,来回编织,正面全织下针,返回全织上针,不加减针织42行的高度后,收针断线。在肩部和袖窿线对应的缝进行缝合,对角处用扣子钉住。相同的方法制作另一边。

符号说明:

□	上针
□=□	下针
2-1-3	行-针-次
↑	编织方向

花样A(双罗纹)

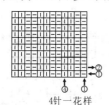

4针一花样

端庄双排扣大衣

【成品规格】衣长75cm，下摆宽48cm，袖长44cm
【工　　具】12号棒针
【编织密度】28针×36行=10cm²
【材　　料】咖啡色羊毛线700g

符号说明：

□	下针
□=□	上针
2-1-3	行-针-次

前片、后片制作说明

1. 棒针编织法，衣身分为左前片、右前片、后片分别编织而成。
2. 起织后片，双罗纹针起针法，起134针，织花样A，织22行，改织花样B，两侧一边织一边减针，方法为20-1-4，减针后不加减织至202行，两侧同时减针织成袖窿，减针方法为1-4-1、2-1-8，两侧针数各减少12针，余下针继续编织，两侧不再加减，织至第267行时，中间留起48针不织，两侧减针织成后领，方法为2-1-2，织至270行，两肩部各下25针，收针断线。
3. 起织左前片，双罗纹针起针法，起81针，起织花样A，织22行，右侧加起28针，共109针，全部改织花样B，左侧一边织一边减针，方法为20-1-4，织至58行，开始编织口袋，将织片分成两部分编

织，左侧部分17针，一边织一边右侧边加针，方法为2-1-22，右侧部分92针一边织一边左侧减针，方法为2-1-22，织至102行，两部分连起来编织，织至202行，左侧减针织成袖窿，减针方法为1-4-1、2-1-8，共减少12针，余下针继续编织，织至第228行时，第229行右侧平收56针，然后减针织成前领，减2-1-12，织至270行，织片余下25针，收针断线。
4. 同样方法相反方向编织右前片。完成后将左右前片的衣襟分别向内折叠缝合成双层衣襟，如结构图所示，再将两侧缝分别与后片缝合，左右肩部缝合。

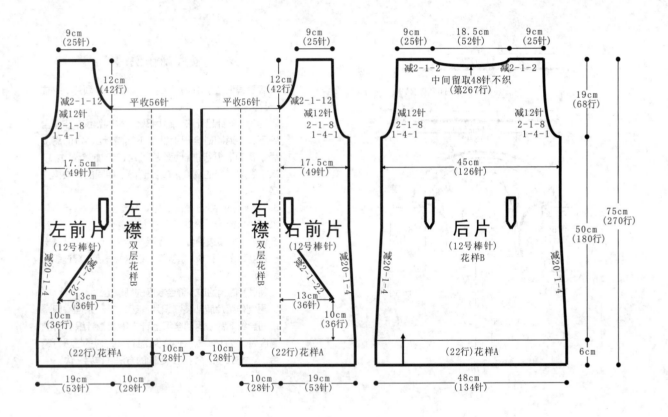

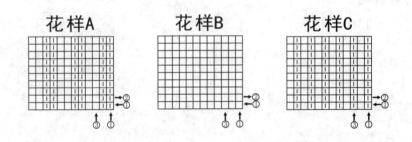

花样A　　　花样B　　　花样C

094

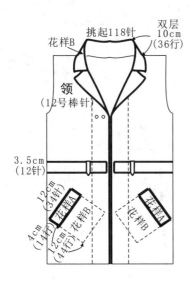

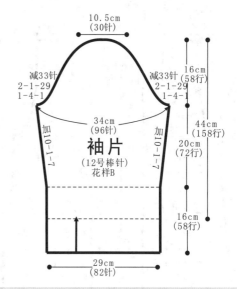

图中标注（领片图）：
挑起118针　双层10cm（36行）　花样B　领（12号棒针）　3.5cm（12针）　12cm（34针）花样A　花样B　4cm（14针）　12cm（44行）花样B　花样A

图中标注（袖片图）：
10.5cm（30针）　16cm（58行）　减33针 2-1-29 1-4-1　减33针 2-1-29 1-4-1　34cm（96针）　44cm（158行）　袖片（12号棒针）花样B　加10-1-7　加10-1-7　20cm（72行）　16cm（58行）　29cm（82针）

领片、口袋、腰带制作说明

1. 棒针编织法，沿前后领口挑起118针织花样B，织72行后，向内与起针合并成双层衣领，断线。

2. 编织口袋，沿袋口从衣服里面挑起68针，环织，织花样B，织44行后，收针，将袋底缝合。另起线在衣服外面挑织袋口边，挑起34针织花样A，织14行后，双罗纹针收针法收针断线。将袋边两侧边与衣服缝合。

3. 同样的方法编织另一口袋。

4. 编织腰带。起12针，织花样C，织120cm的长度，收针断线。

5. 编织腰带扣。起8针织花样C，织18行后，两侧对称减针，方法为2-1-3，织至24行，收针。将腰带扣缝合于衣身。

袖片制作说明

1. 棒针编织法，编织两片袖片。从袖口起织。

2. 起82针，织花样B，织58行后，向外缝合成双层袖口，继续往上编织，一边织一边两侧加针，方法为10-1-7，织至130行，两侧减针织成袖隆，方法为1-4-1、2-1-29，织至158行，余下30针，收针断线。

3. 同样的方法再编织另一袖片。

4. 缝合方法：将袖山对应前片与后片的袖隆线，用线缝合，再将两袖侧缝对应缝合。

5. 编织袖侧扣。起8针织花样C，织72行后，两侧对称减针，方法为2-1-3，织至78行，收针。将袖侧扣缝合于袖口里面。

典雅长款大衣

【成品规格】衣长86cm，袖长51cm，下摆宽62cm
【工　　具】10号棒针
【编织密度】23.2针×26.7行=10cm²
【材　　料】浅棕色腈纶线800g

符号说明：

□　　　上针
□=□　　下针
2-1-3　行-针-次
↑　　　编织方向
　　　　左上2针与右下2针交叉
　　　　左上3针与右下3针交叉

前片、后片制作说明

1. 棒针编织法，用10号棒针。由左前片、右前片、后片组成，从下往上编织。

2. 前片的编织。由右前片和左前片组成，以右前片为例。

① 起针，双罗纹起针法，起54针，编织花样A双罗纹针，不加减针，织18行的高度。在最后一行时，将双罗纹针的2针上针并为1针，整个织片减少21针，织片余41针。

② 袖隆以下的编织。第19行起，分配成花样B进行棒绞花样编织，织成60行，在最后一行里，将图解所示的20针收针掉，在编织第61行时，先织4针下针，再用单起针法，起20针，接上棒针上的没有收针的针数，作一片编织，如此形成的孔就是袋口。完成袋口的编织后，往上全改织下针。在编织过程，右前片的右侧侧缝进行加减针变化，左侧衣襟边不进行加减针。右侧缝加减针的方法是，先织20行减1针，减1次，每织12行减1针，减4次。然后不加减针织22行的高度时，再每织12行加1针加3次，织成126行的高度，至袖隆。左前片的加减针是左侧缝，右侧衣襟不加减针。

③ 袖隆以上的编织。右前片的右边侧缝进行袖隆减针，每织6行减2针，减4次。左边衣襟继续编织成44行时，下一行开始领边减针，从左向右，将13针收针掉，然后不加减针织成42行的高度，余下18针，收针断线。

④ 口袋的编织，编织一双罗纹花样织片，起20针，编织花样A双罗纹针，不加减针织10行的高度后，将最后一行与前片的袋口进行缝合。在口袋里面，制作一个内袋缝上袋口。相同的方法去制作另一片前片的袋口。

⑤ 带扣的制作，单独编织，起7针，正面全织下针，返回织上针，不加减针织16行的高度时，两边同时减针，每织2行减1针，减3次，织成6行，余下1针，收针断线。相同的方法再制作1个带扣，将之缝在前片的腰间适当位置。

⑥ 相同的方法去编织左前片。

3. 后片的编织。双罗纹起针法，起190针，编织花样A双罗纹针，不加减针，织18行高度。在最后一行时，将双罗纹针的2针上针并为1针，整个织片减少47针，织片余下143针。然后第19行起，全织下针，两侧缝进行加减针变化，先是织20行减1针，减1次，然后每织12行减1针，减4次，不加减针再织22行，最后是每织12行加1针，加3次。至袖隆，然后袖隆起减针，方法与前片相同。当衣服织至第223行时，中间将75针收针掉，两边相反方向减针，每织2行减2针，减2次，每织2行减1针，减2次，织成后领边，两肩部余下18针，收针断线。

4. 拼接。将前后片的肩部对应缝合，将两侧缝对应缝合。

095

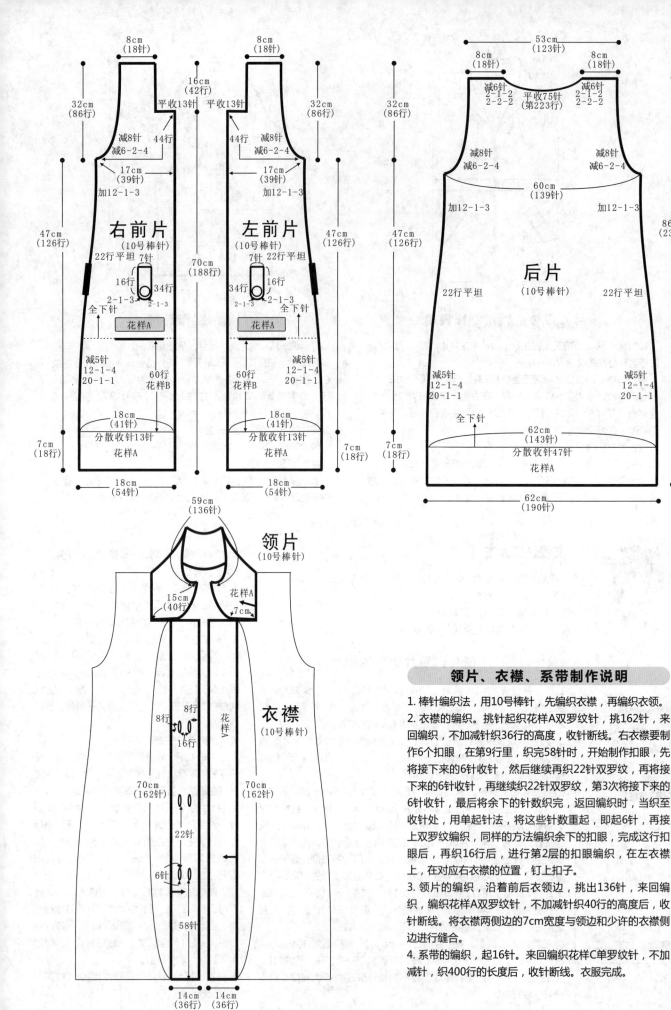

领片、衣襟、系带制作说明

1. 棒针编织法，用10号棒针，先编织衣襟，再编织衣领。
2. 衣襟的编织。挑针起织花样A双罗纹针，挑162针，来回编织，不加减针织36行的高度，收针断线。右衣襟要制作6个扣眼，在第9行里，织完58针时，开始制作扣眼，先将接下来的6针收针，然后继续再织22针双罗纹，再将接下来的6针收针，再继续织22针双罗纹，第3次将接下来的6针收针，最后将余下的针数织完，返回编织时，当织至收针处，用单起针法，将这些针数重起，即起6针，再接上双罗纹编织，同样的方法编织余下的扣眼，完成这行扣眼后，再织16行后，进行第2层的扣眼编织，在左衣襟上，在对应右衣襟的位置，钉上扣子。
3. 领片的编织，沿着前后衣领边，挑出136针，来回编织，编织花样A双罗纹针，不加减针织40行的高度后，收针断线。将衣襟两侧边的7cm宽度与领边和少许的衣襟侧边进行缝合。
4. 系带的编织，起16针。来回编织花样C单罗纹针，不加减针，织400行的长度后，收针断线。衣服完成。

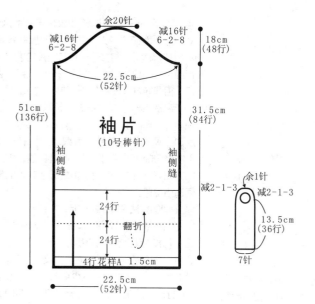

袖片
（10号棒针）

余20针

减16针
6-2-8

减16针
6-2-8

18cm
（48行）

22.5cm
（52针）

51cm
（136行）

31.5cm
（84行）

袖侧缝

袖侧缝

减2-1-3

余1针

减2-1-3

13.5cm
（36行）

7针

24行

翻折

24行

4行花样A 1.5cm

22.5cm
（52针）

袖片制作说明

1. 棒针编织法，中长袖。从袖口起织。袖山收圆肩。

2. 起针，双罗纹起针法，用10号棒针起织，起52针，来回编织。

3. 袖口的编织，起针后，编织花样A双罗纹针，无加减针编织4行的高度后，进入下一步袖身的编织。

4. 袖身的编织，从第5行，全织下针，两袖侧缝不加减针，行数织成84行，完成袖身的编织。

5. 袖山的编织，两边减针编织，减针方法为，两边每织6行减2针，减8次，余下20针，收针断线。以相同的方法，再编织另一只袖片。

6. 制作两个带扣，起7针，正面织下针，返回织上针，不加减针织36行的高度后，两边同时减针，每织2行减1针，减3次，余下1针，收针断线。

7. 如结构图所示，将第5行至29行向外翻起，将带扣的起针处缝于袖中轴内侧，尖端将袖身用扣子钉牢。

8. 缝合，将袖片的袖山边与衣身的袖隆边对应缝合。将袖侧缝缝合。

150cm
（400行）

4cm
（16针）

花样C

系带（10号棒针）

袋口

缝合

缝合

花样B
（口袋花样编织图解）

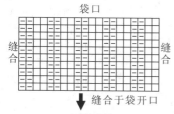

缝合于袋开口

20针收针

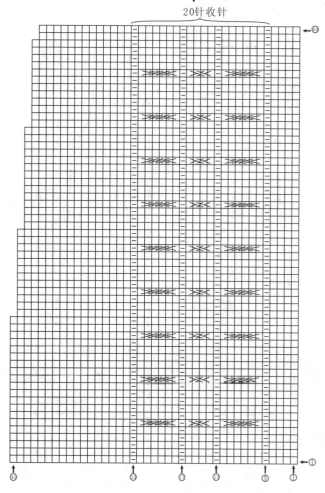

花样A（双罗纹）

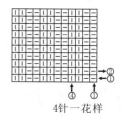

4针一花样

花样C（单罗纹）

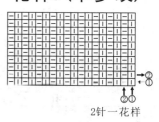

2针一花样

清雅长大衣

【成品规格】衣长86cm，胸宽60cm，肩宽53cm，袖长51cm，下摆宽62cm

【工　　具】10号棒针

【编织密度】23.2针×26.7行=10cm²

【材　　料】浅棕色腈纶线800g

前片、后片制作说明

1. 棒针编织法，用10号棒针。由左前片、右前片、后片组成，从下往上编织。

2. 前片的编织。由右前片和左前片组成，以右前片为例。

① 起针，双罗纹起针法，起54针，编织花样A双罗纹针，不加减针，织18行的高度。在最后一行时，将双罗纹针的2针上针并为1针，整个织片减少13针，织片余41针。

② 袖窿以下的编织。第19行起，分配成花样B进行棒绞花样编织，织成60行，在最后一行里，将图解所示的20针收针掉，在编织第61行时，先织4针下针，再用单起针法，起20针，接上棒针上的没有收针的针数，作一片编织，如此形成的孔就是袋口。织成袋口后，继续往上编织花样B的棒绞花样。在编织过程，右前片的右侧侧缝进行加减针变化，右侧衣襟边不进行加减针。右侧缝加减针的方法是，先织20行减1针，减1次，每织12行减1针，减4次。然后不加减针织22行的高度时，再每织12行加1针加3次，织成126行的高度，至袖窿。左前片的加减针是左侧缝，右侧衣襟不加减针。

③ 袖窿以上的编织。右前片的右边侧缝进行袖窿减针，每织6行减2针，减4次。左边衣襟继续编织成44行时，下一行开始领边减针，从左向右，将13针收针掉，然后不加减针织成42行的高度，余下18针，收针断线。

④ 口袋的编织，编织一双罗纹花样织片，起20针，编织花样A双罗纹针，不加减针织10行的高度后，将最后一行与前片的袋口进行缝合。在口袋里面，制作一个内袋缝上袋口。相同的方法去制作另一前片的袋口。

⑤ 带扣的制作，单独编织，起7针，正面全织下针，返回织上针，不加减针织16行的高度时，两边同时减针，每织2行减1针，减3次，织成6行，余下1针，收针断线。相同的方法再制作1个带扣，将之缝上前片的腰间适当位置。

⑥ 相同的方法去编织左前片。

3. 后片的编织。双罗纹起针法，起190针，编织花样A双罗纹针，不加减针，织18行的高度。在最后一行时，将双罗纹针的2针上针并为1针，整个织片减少47针，织片余下143针。然后第19行起，全织下针，两侧缝进行加减针变化，先是织20行减1针，减1次，然后每织12行减1针，减4次，不加减针再织22行，最后是每织12行加1针，加3次。至袖窿，然后袖窿起减针，方法与前片相同。当衣服织至第223行时，中间将75针收针收掉，两边相反方向减针，每织2行减2针，减2次，每织2行减1针，减2次，织成后领边，两肩部余下18针，收针断线。

4. 拼接。将前后片的肩部对应缝合，将两侧缝对应缝合。

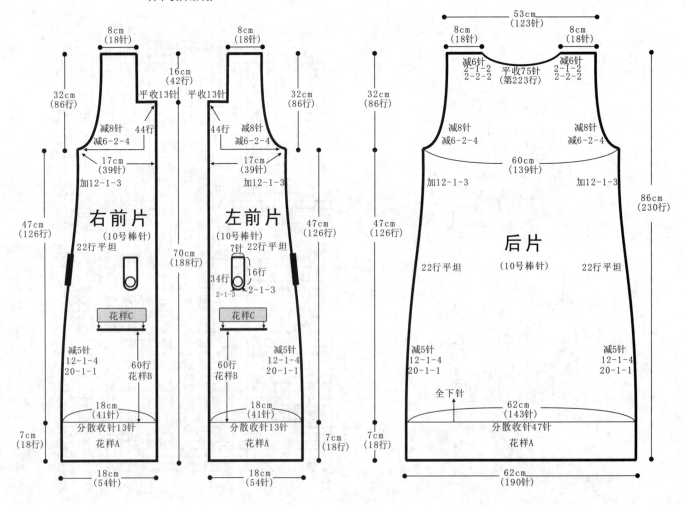

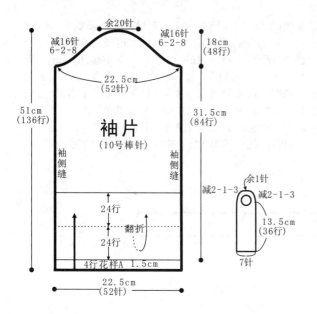

余20针
减16针
6-2-8
减16针
6-2-8
18cm
(48行)

22.5cm
(52针)

51cm
(136行)

袖片
(10号棒针)

31.5cm
(84行)

袖侧缝
袖侧缝

余1针
减2-1-3
减2-1-3

24行

13.5cm
(36行)

翻折

24行

7针

4行花样A 1.5cm

22.5cm
(52针)

袖片制作说明

1. 棒针编织法，中长袖。从袖口起织。袖山收圆肩。

2. 起针，双罗纹起针法，用10号棒针起织，起52针，来回编织。

3. 袖口的编织，起针后，编织花样A双罗纹针，无加减针编织4行的高度后，进入下一步袖身的编织。

4. 袖身的编织，从第5行，全织下针，两袖侧缝不加减针，行数织成84行，完成袖身的编织。

5. 袖山的编织，两边减针编织，减针方法为，两边每织6行减2针，减8次，余下20针，收针断线。以相同的方法，再编织另一只袖片。

6. 制作两个带扣，起7针，正面织下针，返回织上针，不加减针织36行的高度后，两边同时减针，每织2行减1针，减3次，余下1针，收针断线。

7. 如结构图所示，将第5行至29行向外翻起，将带扣的起针处缝于袖中轴内侧，尖端将袖身用扣子钉牢。

8. 缝合，将袖片的袖山边与衣身的袖隆边对应缝合。将袖侧缝缝合。

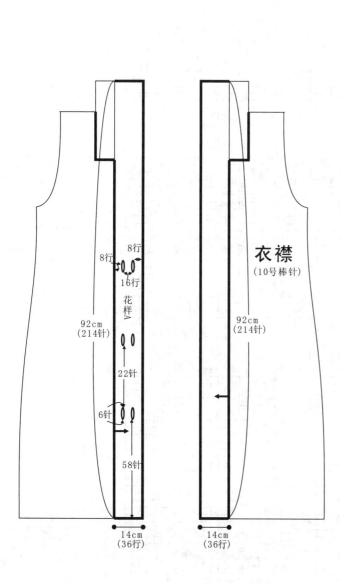

8行
8行

16行

花样A

92cm
(214针)

92cm
(214针)

衣襟
(10号棒针)

22针

6针

58针

14cm
(36行)

14cm
(36行)

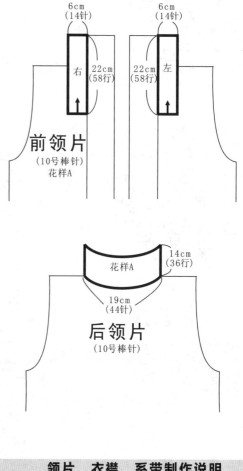

6cm
(14针)

6cm
(14针)

右
22cm
(58行)

22cm
(58行)
左

前领片
(10号棒针)
花样A

14cm
(36行)

花样A

后领片
(10号棒针)

19cm
(44针)

领片、衣襟、系带制作说明

1. 棒针编织法，用10号棒针，先编织衣领，再编织衣襟。

2. 领片的编织，领片分成前面左右两个领片和后面的一个领片。3片各自单独编织，先编后片，沿着后衣领边，挑出44针，编织花样A双罗纹针，不加减针织36行的高度后，收针断线。前衣领边呈直角角度边缘，所以沿着短边挑针起织，挑14针，来回编织，编织花样A双罗纹针，不加减针织58行的高度后，即与后领片的高度持平时，收针断线。相同的方法编织另一边的领片，将两个前领片与后领片的侧边进行缝合。

3. 衣襟的编织。沿着衣襟边和前领边的最长侧边，挑针起织花样A双罗纹针，挑214针，来回编织，不加减针织36行的高度，收针断线。右衣襟要制作6个扣眼，在第9行里，织完58针时，开始制作扣眼，先将接下来的6针收针，然后继续再织22针双罗纹，再将接下来的6针收针，再继续织22针双罗纹，第3次将接下来的6针收针，最后将余下的针数织完，返回编织时，当织至收针处，用单起针法，将这些针数重起，即起6针，再接上双罗纹编织，同样的方法编织余下的扣眼，完成这行扣眼后，再织16行后，进行第2层的扣眼编织，在左衣襟上，在对应右衣襟的位置，钉上扣子。

4. 系带的编织，起16针。来回编织花样D单罗纹针，不加减针，织400行的长度后，收针断线。衣服完成。

系带(10号棒针)

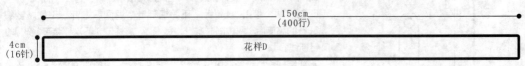

150cm
(400行)

4cm
(16针)

花样D

花样A(双罗纹)

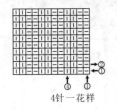

4针一花样

花样C

(袋沿图解)

袋口

缝合   缝合

缝合于袋开口

花样D(单罗纹)

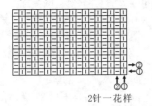

2针一花样

花样B

(口袋及前片编织图解)

重复花样编织至肩部

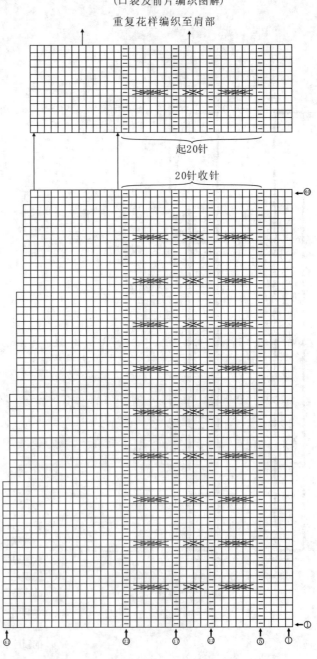

起20针

20针收针

气质修身大衣

【成品规格】衣长86cm，袖长54cm，下摆宽62cm
【工　　具】10号棒针
【编织密度】18.5针×24.65行=10cm²
【材　　料】浅棕色腈纶线850g

符号说明：

□	上针
□=回	下针
2-1-3	行-针-次
↑	编织方向
圆圆圆圆	左上3针与右下3针交叉

前片、后片制作说明

1. 棒针编织法，用10号棒针。由左前片、右前片、后片组成，从下往上编织。

2. 前片的编织。由右前片和左前片组成，以右前片为例。

① 起针，双罗纹起针法，起64针，编织花样A双罗纹针，不加减针，织18行的高度。在最后一行里，将2针上针并为1针，针数减少16针，织片余下48针。

② 袖窿以下的编织。第19行起，至88行，全织下针。右侧侧缝进行加减针变化，左侧衣襟边不进行加减。右侧缝加减针的方法是，先织6行减1针，减12次，然后不加减针织6行的高度时，织成88行下针的高度，在这过程中，当下针第36行时，开始编织口袋，口袋的织法见第4点。从第89行起，编织花样B，不加减针，织20行的高度，从下一行起，依照花样C进行花样分配编织，右侧进行加针变化，每织6行加1针，加3次，织成30行，至袖窿。左前片的加减针是左侧缝，右侧衣襟不加减针。

③ 袖窿以上的编织。右前片的右边侧缝进行袖窿减针，先收针2针，然后每织4行减2针，减1次，然后再织6行减2针，减2次。
左边衣襟继续编织成30行时，开始领边减针，从左向右，一次性将5针收针，接着领边减针，每织2行减2针，减2次，每织2行减

1针，减3次，不加减针再织16行后，至肩部，余下19针，收针断线。收针断线。

④ 口袋的编织，从下针花样起织至36行时，将织片分成两半各自编织，从衣襟边的下针花样算起28针的位置开始分片编织。右前片的右边近口袋侧是加针编织，而左边是减针编织。加针是每织4行加1针，加5次，减针是每织4行减1针，减5次。织成20行后，将所有的针数并为1片进行编织。

⑤ 相同的方法去编织左前片。

3. 后片的编织。双罗纹起针法，起152针，编织花样A双罗纹针，不加减针，织18行的高度。在最后一行时，将2针上针并为1针，针数减少38针，余下114针继续编织。然后第19行起，全织下针，两侧缝进行加减针变化，先是织6行减1针，减12次，不加减针再织6行，织成88行的下针花样，下一行起，编织花样B，不加减针织成20行的高度，然后下一行起，全织下针，两边加针，每织6行加1针，加3次，不加减再织12行后，织成30行至袖窿，然后袖窿起减针，方法与前片相同。当衣服织至第205行时，中间将30针收针收掉，两边相反方向减针，每织2行减2针，减2次，每织2行减1针，减2次，织成后领边，两肩部余下19针，收针断线。

4. 拼接。将前后片的肩部对应缝合，将两侧缝对应缝合。

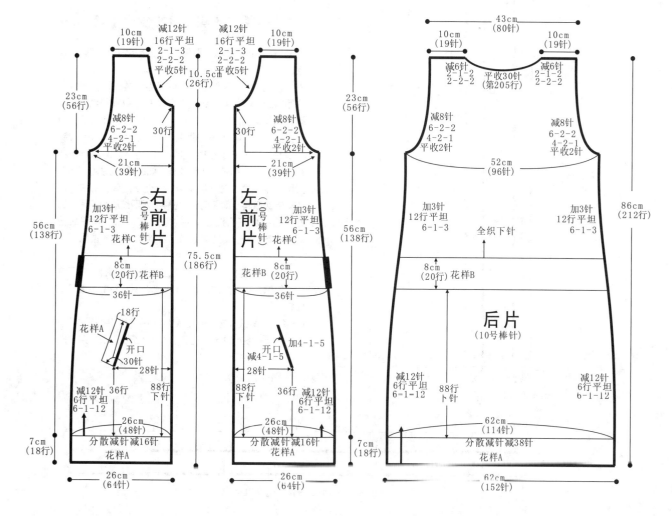

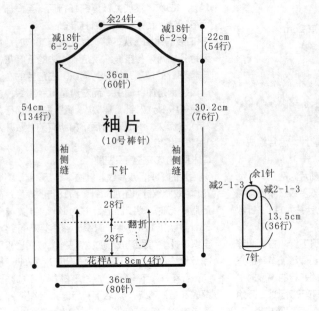

袖片
(10号棒针)

余24针
减18针
6-2-9
减18针
6-2-9
22cm
(54行)
36cm
(60针)
54cm
(134行)
30.2cm
(76行)
袖侧缝
下针
袖侧缝
减2-1-3
余1针
减2-1-3
13.5cm
(36行)
28行
翻折
28行
7针
花样A 1.8cm(4行)
36cm
(80针)

袖片制作说明

1. 棒针编织法，中长袖。从袖口起织。袖山收圆肩。

2. 起针，双罗纹起针法，用10号棒针起织，起80针，来回编织。

3. 袖口的编织，起针后，编织花样A双罗纹针，无加减针编织4行的高度后，在最后一行里，将2针上针并为1针，织片余下60针，进入下一步袖身的编织。

4. 袖身的编织，从第5行，全织下针，两袖侧缝不加减针，行数织成76行，完成袖身的编织。

5. 袖山的编织，两边减针编织，减针方法为，两边每织6行减2针，减9次，余下24针，收针断线。以相同的方法，再编织另一只袖片。

6. 制作两个带扣，起7针，正面织下针，返回织上针，不加减针织36行的高度后，两边同时减针，每织2行减1针，减3次，余下1针，收针断线。另外再编织2个缝于肩上。

7. 如结构图所示，将第1行至32行向外翻起，将带扣的起针处缝于袖中轴内侧，尖端将袖身用扣子钉牢。

8. 缝合，将袖片的袖山边与衣身的袖隆边对应缝合。将袖侧缝缝合。

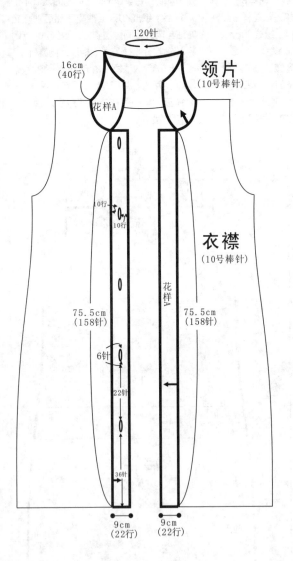

领片
(10号棒针)

120针
16cm
(40行)
花样A
10行
衣襟
(10号棒针)
75.5cm
(158针)
花样A
75.5cm
(158针)
6针
22针
36针
9cm
(22行)
9cm
(22行)

领片、衣襟、系带制作说明

1. 棒针编织法，用10号棒针，先编织衣襟，再编织衣领。

2. 衣襟的编织。挑针起织花样A双罗纹针，挑154针，来回编织，不加减针织22行的高度，收针断线。右衣襟要制作5个扣眼，在第11行里，织完36针时，开始制作扣眼，先将接下来的6针收针，然后继续再织22针双罗纹，再将接下来的6针收针，再继续织22针双罗纹，第3次将接下来的6针收针，如此重复，共制作5个扣眼，返回编织时，当织至收针处，用单起针法，将这些针数重起，即起6针，再接上双罗纹编织，同样的方法编织余下的扣眼，完成这行扣眼后，再织10行后，收针断线。在左衣襟上，对应右衣襟的位置，钉上扣子。

3. 领片的编织，沿着前后衣领边，挑出120针，来回编织，编织花样A双罗纹针，不加减针织40行的高度后，收针断线。

4. 系带的编织，起16针。来回编织花样C单罗纹针，不加减针，织400行的长度后，收针断线。衣服完成。

150cm
(400行)
4cm
(16针)
花样C

系带 (10号棒针)

花样B

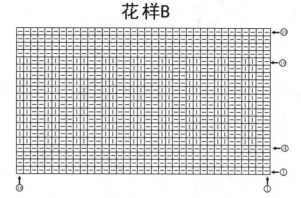

花样A（双罗纹）

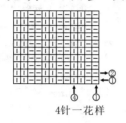

4针一花样

花样C

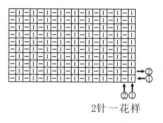

右领边

右袖窿

花样D（单罗纹）

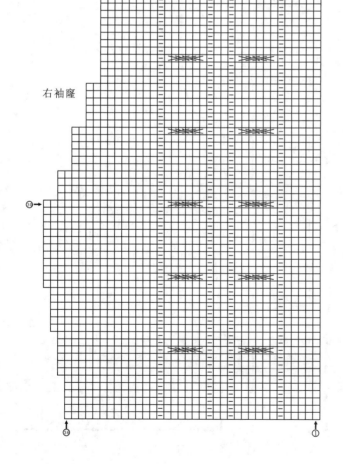

2针一花样

气质扭花大衣

【成品规格】衣长86cm，胸宽52cm，肩宽43cm，袖长54cm，
　　　　　　下摆宽62cm
【工　　具】10号棒针
【编织密度】18针×23.7行＝10cm²
【材　　料】浅棕色腈纶线800g，大扣子7枚

符号说明：

▢	上针
□=▢	下针
2-1-3	行-针-次
↑	编织方向
	左上3针与右下3针交叉
	右上3针与左下2针交叉

前片、后片制作说明

1. 棒针编织法，用10号棒针。由左前片、右前片、后片组成，从下往上编织。

2. 前片的编织。由右前片和左前片组成，以右前片为例。

① 起针，双罗纹起针法，起64针，编织花样A双罗纹针，不加减针，织18行的高度。在最后一行时，将双罗纹针的2针上针并为1针，整个织片减少16针，织片余48针。

② 袖窿以下的编织。第19行起，分配成花样B进行棒绞花样编织，织成60行，在最后一行里，将图解所示的23针收针掉，在编织第61行时，先织6针下针，再用单起法，起23针，接上棒针上的没有收针的针数，作一片编织，如此形成的孔就是袋口。织成袋口后，继续往上编织花样B的棒绞花样。在编织过程中，右前片的右侧侧缝进行加减针变化，左侧衣襟边不进行加减针。右侧缝加减针的方法是，先织18行减1针，减1次，每织6行减1针，减8次。然后不加减针织54行的高度时，至袖窿。左前片的加减针是左侧缝，右侧衣襟不加减针。

③ 袖窿以上的编织。右前片的右边侧缝进行袖窿减针，每织6行减2针，减4次。左边衣襟从左向右，进行领边减针，每织4行减1针，减15次，不加减针再织6行后，至肩部，余下16针，收针断线。

④ 口袋的编织，编织一块双罗纹花样织片，起24针，编织花样A双罗纹针，不加减针织10行的高度后，将最后一行与前片的袋口进行缝合。在口袋里面，制作1个内袋缝上袋口。相同的方法去制作另一前片的袋口。

⑤ 相同的方法去编织左前片。

3. 后片的编织。双罗纹起针法，起148针，编织花样A双罗纹针，不加减针，织18行的高度。在最后一行时，将双罗纹针的2针上针并为1针，整个织片减少37针，织片余下111针。然后第19行起，全织下针，两侧缝进行加减针变化，先是织18行减1针，减1次，然后每织6行减1针，减8次，不加减针再织54行，至袖窿，然后袖窿起减针，方法与前片相同。当衣服织至第197行时，中间将33针收针收掉，两边相反方向减针，每织2行减2针，减2次，每织2行减1针，减2次，织成后领边，两肩部余下16针，收针断线。

4. 拼接。将前后片的肩部对应缝合，将两侧缝对应缝合。

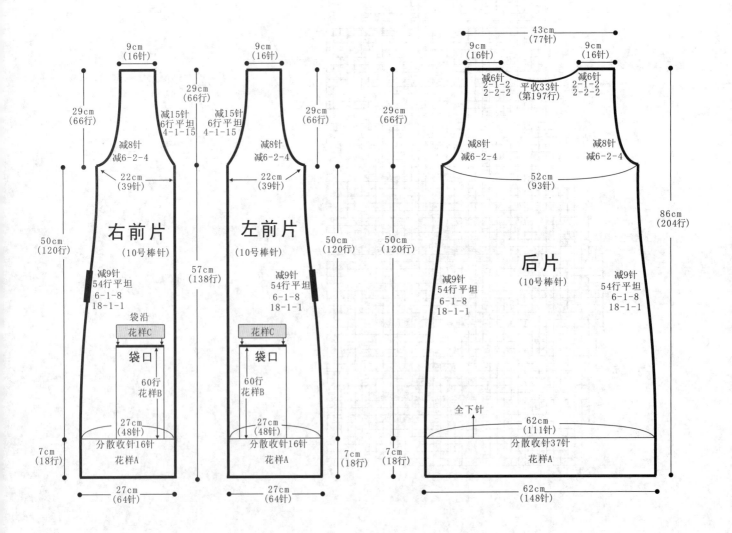

右前片图解标注：
- 9cm（16针）
- 29cm（66行）
- 减15针 6行平坦 4-1-15
- 29cm（66行）
- 减8针 减6-2-4
- 22cm（39针）
- 50cm（120行）
- 57cm（138行）
- 减9针 54行平坦 6-1-8 18-1-1
- 袋沿
- 花样C
- 袋口
- 60行 花样B
- 27cm（48针）
- 分散收针16针
- 花样A
- 7cm（18行）
- 27cm（64针）

右前片（10号棒针）

左前片图解标注：
- 9cm（16针）
- 29cm（66行）
- 减15针 6行平坦 4-1-15
- 29cm（66行）
- 减8针 减6-2-4
- 22cm（39针）
- 50cm（120行）
- 50cm（120行）
- 减9针 54行平坦 6-1-8 18-1-1
- 袋沿
- 花样C
- 袋口
- 60行 花样B
- 27cm（48针）
- 分散收针16针
- 花样A
- 7cm（18行）
- 7cm（18行）
- 27cm（64针）

左前片（10号棒针）

后片图解标注：
- 43cm（77针）
- 9cm（16针）
- 9cm（16针）
- 减6针 2-1-2 2-2-2
- 平收33针（第197行）
- 减6针 2-1-2 2-2-2
- 29cm（66行）
- 减8针 减6-2-4
- 减8针 减6-2-4
- 52cm（93针）
- 86cm（204行）
- 减9针 54行平坦 6-1-8 18-1-1
- 减9针 54行平坦 6-1-8 18-1-1
- 全下针
- 62cm（111针）
- 分散收针37针
- 花样A
- 62cm（148针）

后片（10号棒针）

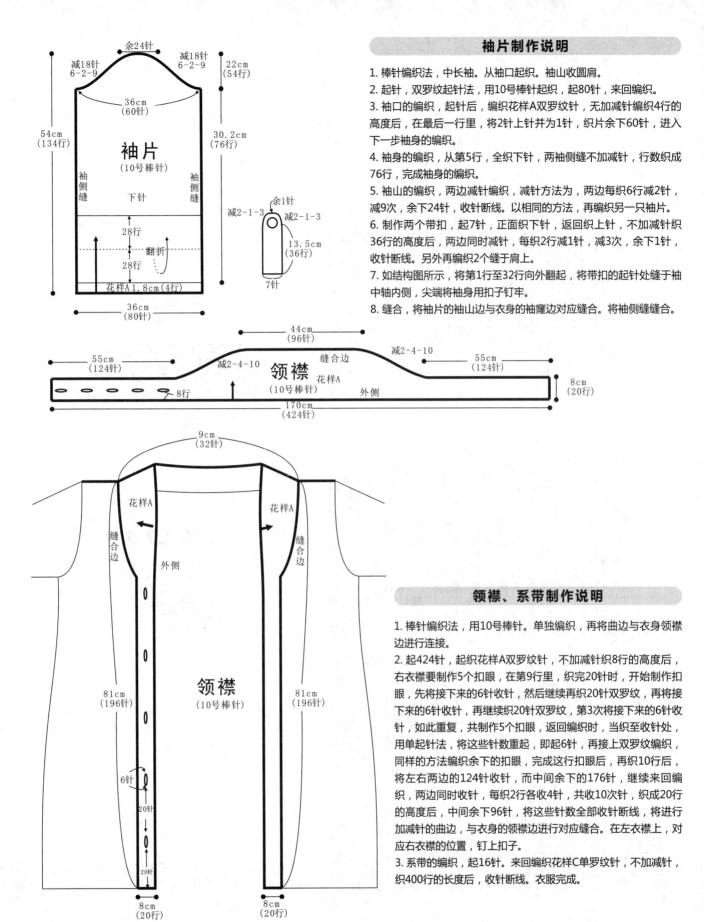

袖片制作说明

1. 棒针编织法，中长袖。从袖口起织。袖山收圆肩。

2. 起针，双罗纹起针法，用10号棒针起织，起80针，来回编织。

3. 袖口的编织，起针后，编织花样A双罗纹针，无加减针编织4行的高度后，在最后一行里，将2针上针并为1针，织片余下60针，进入下一步袖身的编织。

4. 袖身的编织，从第5行，全织下针，两袖侧缝不加减针，行数织成76行，完成袖身的编织。

5. 袖山的编织，两边减针编织，减针方法为，两边每织6行减2针，减9次，余下24针，收针断线。以相同的方法，再编织另一只袖片。

6. 制作两个带扣，起7针，正面织下针，返回织上针，不加减针织36行的高度后，两边同时减针，每织2行减1针，减3次，余下1针，收针断线。另外再编织2个缝于肩上。

7. 如结构图所示，将第1行至32行向外翻起，将带扣的起针处缝于袖中轴内侧，尖端将袖身用扣子钉牢。

8. 缝合，将袖片的袖山边与衣身的袖窿边对应缝合。将袖侧缝缝合。

领襟、系带制作说明

1. 棒针编织法，用10号棒针。单独编织，再将曲边与衣身领襟边进行连接。

2. 起424针，起织花样A双罗纹针，不加减针织8行的高度后，右衣襟要制作5个扣眼，在第9行里，织完20针时，开始制作扣眼，先将接下来的6针收针，然后继续再织20针双罗纹，再将接下来的6针收针，再继续织20针双罗纹，第3次将接下来的6针收针，如此重复，共制作5个扣眼，返回编织时，当织至收针处，用单起针法，将这些针数重起，即起6针，再接上双罗纹编织，同样的方法编织余下的扣眼，完成这行扣眼后，再织10行后，将左右两边的124针收针，而中间余下的176针，继续来回编织，两边同时收针，每织2行各收4针，共收10次，织成20行的高度后，中间余下96针，将这些针数全部收针断线，将进行加减针的曲边，与衣身的领襟边进行对应缝合。在左衣襟上，对应右衣襟的位置，钉上扣子。

3. 系带的编织，起16针。来回编织花样C单罗纹针，不加减针，织400行的长度后，收针断线。衣服完成。

105

花样B

（口袋及前片编织图解）

重复花样编织至肩部

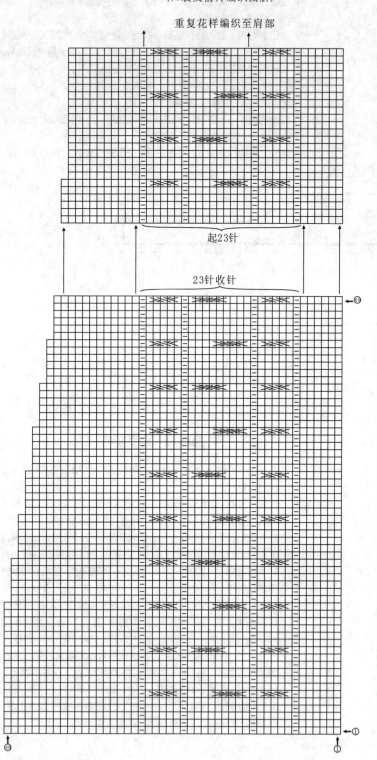

起23针

23针收针

花样C

（袋沿图解）

袋口

缝合

缝合

缝合于袋开口

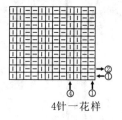

花样A（双罗纹）

4针一花样

简约扭花纹长袖衫

【成品规格】衣长40cm，下摆宽48cm，袖长51cm

【工　　具】10号棒针

【编织密度】10针×14行＝10cm²

【材　　料】灰色棉线共400g

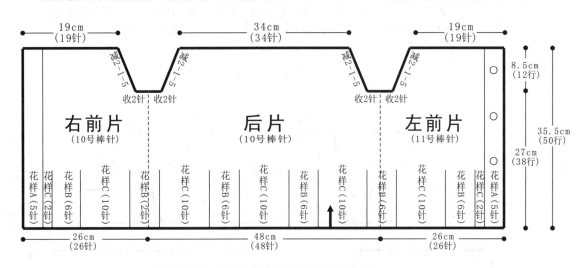

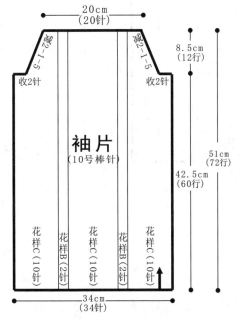

<table>
<tr><td>符号说明：</td><td></td></tr>
<tr><td>□</td><td>上针</td></tr>
<tr><td>□=□</td><td>下针</td></tr>
<tr><td>2-1-3</td><td>行-针-次</td></tr>
<tr><td></td><td>右上5针与
左下5针交叉</td></tr>
</table>

前片、后片制作说明

1. 棒针编织法，袖窿以下一片编织，袖窿起分为左前片、右前片和后片分别编织。

2. 起织，起100针，两侧各织5针花样A作为衣襟，衣身为花样B与花样C组合编织，组合方法如结构图所示，不加减针至38行，将织片分成左前片、后片和右前片，分别编织，先织后片，左前片和右前片用防解别针扣起暂时不织。

3. 起织后片，分配后片的48针到棒针上，起织时两侧各平收2针，然后减针织成插肩袖窿，减针方法为2-1-5，织至50行，织片余下34针，收针断线。

4. 起织左前片，左前片的右侧为衣襟侧，分配左前片的26针上棒针上，起织时左侧平收2针，然后减针织成插肩袖窿，减针方法为2-1-5，织至50行，织片余下19针，收针断线。

5. 同样的方法相反方向编织右前片。

袖片制作说明

1. 棒针编织法，编织2片袖片，从下往上织，完成后与前后片缝合而成。

2. 起织，起34针，织花样B、花样C，组合编织，组合方法如结构图所示，重复往上织至60行，两侧各平收2针，然后减针织成插肩袖窿，减针方法为2-1-5，织至72行，织片余下20针，收针断线。

3. 同样的方法编织另一袖片，完成后将袖片插肩缝对应右前片及后片的插肩缝缝合。袖底缝合。

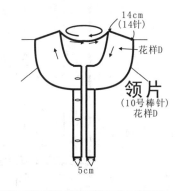

领片
（10号棒针）
花样D

领片制作说明

1. 棒针编织法，单独编织。

2. 起14针织花样D，织144行后，收针断线，将一侧与衣身领口缝合。

花样C

花样A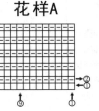

花样B

韩版短袖衫

【成品规格】衣长67cm，下摆宽46.5cm，袖长20cm
【工　　具】10号棒针
【编织密度】12针×16行=10cm²
【材　　料】灰色棉线共400g

前片、后片制作说明

1. 棒针编织法，袖隆以下一片编织，袖隆起分为左前片、右前片和后片分别编织。

2. 起织，起140针，织花样A，织2行后改为花样B、花样C、花样D，组合编织，组合方法如结构图所示，不加减针织至72行，将织片分成左前片、后片和右前片，分别编织，先织后片56针，左前片和右前片各42针收针。

3. 起织后片，分配后片的56针到棒针上，起织时两侧同时减针织成袖隆，方法为1-2-1、2-1-3，两侧各减5针，织至104行，第105行中间留起20针不织，两减减针织成后领，方法为2-1-2，织至108

行，两侧各余下11针，收针断线。

4. 起织左前片，左前片的右侧为衣襟侧，将花样D的12针褶皱成2针，沿边挑针起织，挑起32针织花样E，一边织一边左侧减针织成袖隆，方法为1-2-1、2-1-3，织14行后，右侧平收8针，然后减针织成前领，方法为2-1-8，织至36行，织片余下11针，收针断线。

5. 同样的方法相反方向编织右前片。完成后将两肩部缝合。

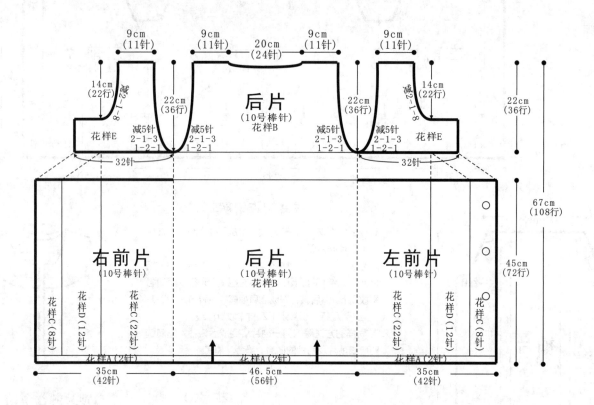

符号说明：

□	上针
□=□	下针
2-1-3	行-针-次
	右上2针与左下1针交叉
	左上2针与右下1针交叉
	右上2针与左下2针交叉

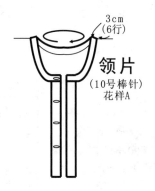

3cm
(6行)

领片
（10号棒针）
花样A

领片制作说明

1. 棒针编织法，沿领口挑针起织，挑起72针织花样A，织6行后，收针断线。

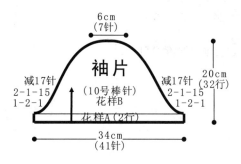

6cm
(7针)

袖片
（10号棒针）
花样B

20cm
(32行)

减17针
2-1-15
1-2-1

减17针
2-1-15
1-2-1

花样A（2行）

34cm
(41针)

袖片制作说明

1. 棒针编织法，编织2片袖片，从下往上织。

2. 起织，起41针，织花样A，织2行后改织花样B，两侧减针织袖山，方法为1-2-1、2-1-15，织至32行，织片余下7针，收针断线。

3. 同样的方法编织另一袖片，完成后将袖片与前后片袖窿对应缝合。袖底缝合。

花样D

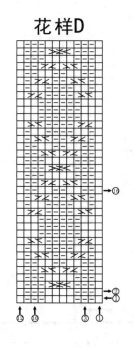

花样B

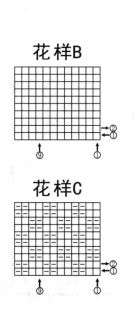

花样A

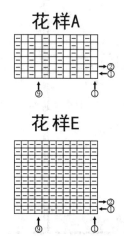

花样C

花样E

简约白色开衫

【成品规格】衣长64cm，下摆宽42cm，袖长60cm
【工　　具】10号棒针
【编织密度】14针×20行=10cm²
【材　　料】白色棉线共500g

前片、后片制作说明

1. 棒针编织法，衣身分为左前片、右前片、后片分别编织而成。

2. 起织后片，下针起针法，起58针，起织花样A，织至90行，两侧同时减针织成袖窿，减针方法为1-2-1、2-1-2，两侧针数各减少4针，余下继续编织，两侧不再加减针，织至第125行时，中间留取18针不织，用防解别针扣住，两端相反方向减针编织，各减少2针，方法为2-1-2，最后两肩部余下14针，收针断线。

3. 起织左前片，左前片横向编织，从衣侧缝处起织，起63针织花样B，起织时左侧袖窿加针，方法为2-1-2、1-25-1，共加90针，不加减针往右编织至14行，改织花样C，织至46行，下针收针法，收针断线。

4. 同样方法相反方向编织右前片。完成后将左右前片的侧缝分别与后片缝合。

符号说明：

口	上针
口=口	下针
2-1-3	行-针-次
🔺	中上3针并1针
🔘	镂空针

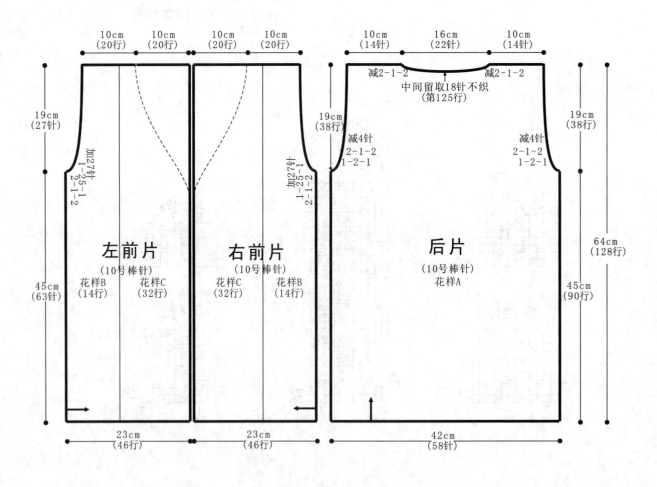

左前片
（10号棒针）
花样B（14行）　花样C（32行）

右前片
（10号棒针）
花样C（32行）　花样B（14行）

后片
（10号棒针）
花样A

10cm（20行）　10cm（20行）　10cm（20行）　10cm（20行）

10cm（14针）　16cm（22针）　10cm（14针）

减2-1-2　中间留取18针不织（第125行）　减2-1-2

19cm（27针）　19cm（38行）

减4针 2-1-2 1-2-1

加27针 1-25-1 2-1-2

19cm（38行）

减4针 2-1-2 1-2-1

64cm（128行）

45cm（63针）　45cm（90行）

23cm（46行）　23cm（46行）　42cm（58针）

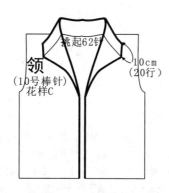

领
（10号棒针）
花样C

挑起62针

10cm
（20行）

领片制作说明

1. 棒针编织法，沿领口挑织。
2. 起62针，织花样C，织20行后，收针断线。

袖片制作说明

1. 棒针编织法，编织两片袖片。从袖口起织。
2. 起32针，织花样A，一边织一边两侧加针，方法为10-1-8，织至88行，两侧减针织成袖窿，方法为1-2-1、2-1-16，织至120行，余下12针，收针断线。
3. 同样的方法再编织另一袖片。
4. 缝合方法：将袖山对应前片与后片的袖窿线，用线缝合，再将两袖侧缝对应缝合。

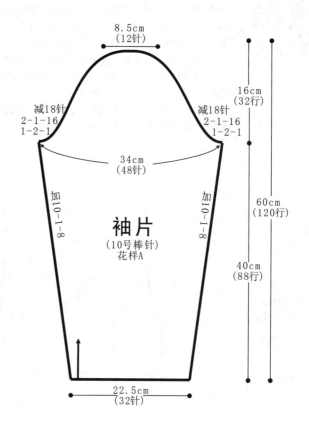

8.5cm
（12针）

16cm
（32行）

减18针
2-1-16
1-2-1

减18针
2-1-16
1-2-1

34cm
（48针）

加10-1-8

加10-1-8

60cm
（120行）

袖 片
（10号棒针）
花样A

40cm
（88行）

22.5cm
（32针）

花样A

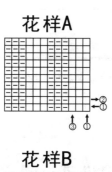

花样B

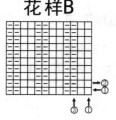

花样C

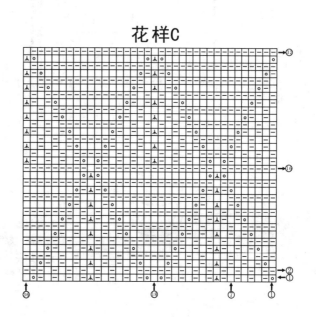

时尚长款针织衫

【成品规格】衣长73cm，下摆宽44cm，袖长66cm
【工　　具】11号棒针
【编织密度】22针×30行＝10cm²
【材　　料】灰色羊毛线650g

前片、后片制作说明

1. 棒针编织法，衣身分为前片、后片分别编织而成。

2. 起织后片，起96针，起织花样A，织36行，改织花样B，织至162行，两侧同时减针织成袖窿，减针方法为1-4-1、2-1-6，两侧针数各减少10针，余下针数继续编织，两侧不再加减针，织至第216行时，中间留起48针不织，两侧减针织成后领，方法为2-1-2，织至219行，两肩部各余下12针，收针断线。

3. 起织前片，起96针，起织花样A，织36行，改为花样B与花样C组合编织，中间织40针花样C，两侧余下针数织花样B，重复往上织至

124行，两侧花样B改为花样D编织，织至162行，两侧同时减针织成袖窿，减针方法为1-4-1、2-1-6，两侧针数各减少10针，余下针数继续编织，两侧不再加减针，织至第189行时，中间留起12针不织，两侧减针织成前领，方法为2-2-10，织至219行，两肩部各余下12针，收针断线。

4. 将前片的侧缝分别与后片缝合，将左右肩部缝合。

符号说明：

⊡	下针
□=⊟	上针
2-1-3	行-针-次
〔图〕	左上3针与右下1针交叉
〔图〕	右上3针与左下1针交叉
〔图〕	右上3针与左下3针交叉

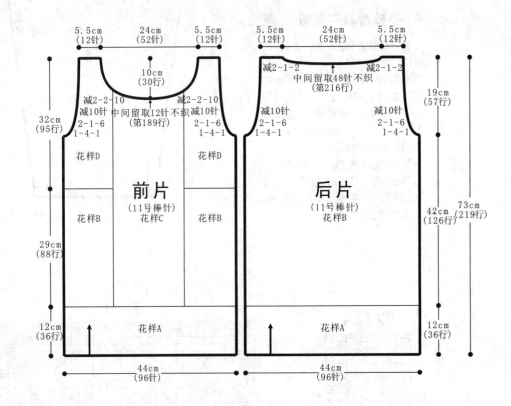

前片（11号棒针）花样C
后片（11号棒针）花样B

5.5cm（12针）　24cm（52针）　5.5cm（12针）
10cm（30行）
减2-2-10　中间留取12针不织（第189行）减2-2-10
减10针　2-1-6　1-4-1
花样D
花样B
花样A
32cm（95行）
29cm（88行）
12cm（36行）
44cm（96针）

5.5cm（12针）　24cm（52针）　5.5cm（12针）
减2-1-2　减2-1-2
中间留取48针不织（第216行）
减10针　2-1-6　1-4-1
花样B
花样A
19cm（57行）
42cm（126行）
12cm（36行）
73cm（219行）
44cm（96针）

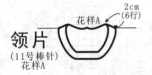

领片（11号棒针）花样A
2cm（6行）
花样A

领片制作说明

1. 棒针编织法，一片环形编织完成。

2. 挑织衣领，沿前后领口挑起114针，织花样A，织6行后，双罗纹针收针法，收针断线。

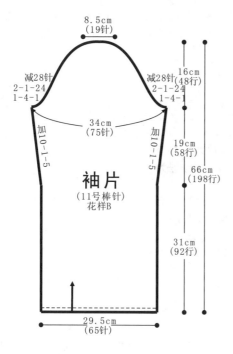

8.5cm
(19针)

减28针
2-1-24
1-4-1

减28针
2-1-24
1-4-1

16cm
(48行)

34cm
(75针)

加10-1-5

加10-1-5

19cm
(58行)

袖片
(11号棒针)
花样B

66cm
(198行)

31cm
(92行)

29.5cm
(65针)

袖片制作说明

1. 棒针编织法，编织两片袖片。从袖口起织。

2. 起65针，织花样B，织8行后，与起织合并成双层袖口，继续往上编织至92行，两侧加针编织，方法为10-1-5，织至150行，两侧减针织成袖窿，方法为1-4-1，2-1-24，织至198行，余下19针，收针断线。

3. 同样的方法再编织另一袖片。

4. 缝合方法：将袖山对应前片与后片的袖窿线，用线缝合，再将两袖侧缝对应缝合。

花样A

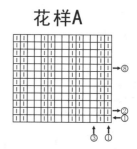

花样B

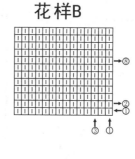

花样C

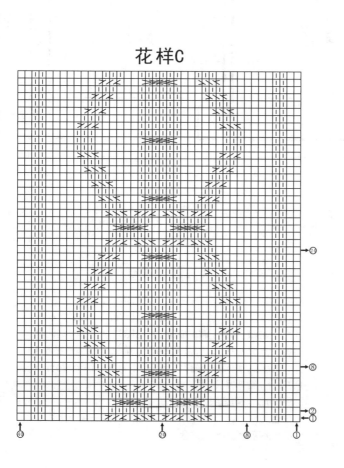

花样D

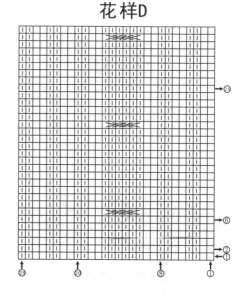

淡雅高领衫

【成品规格】衣长56cm，下摆宽44cm，袖长66cm
【工　　具】10号棒针
【编织密度】16针×22行=10cm²
【材　　料】灰色羊毛线500g

符号说明：

□	上针
□=回	下针
2-1-3	行-针-次
⊠	左上1针与右下1针交叉
⊠	右上1针与左下1针交叉
⊞⊞⊞	左上3针与右下3针交叉
⊞⊞⊞	右上3针与左下3针交叉
▦	3针4行下针的浮针

前片、后片制作说明

1. 棒针编织法，衣身分为前片、后片分别编织而成。

2. 起织后片，起71针，起织花样A，织22行，改织花样B，织至84行，第85行两侧各平收4针，然后减针织成插肩袖窿，减针方法为4-2-10，织至124行，中间余下23针，留待编织衣领。

3. 起织前片，起71针，起织花样A，织22行，改织花样C，织至84行，第85行两侧各平收4针，然后减针织成插肩袖窿，减针方法为4-2-10，织至120行，第121行中间留起13针不织，两侧减针，方法为2-2-2，织至124行，两侧各余下1针，留待编织衣领。

4. 将前片的侧缝分别与后片对应缝合。

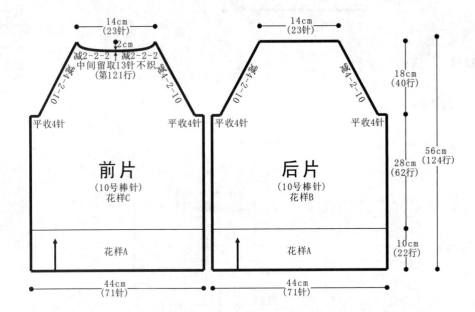

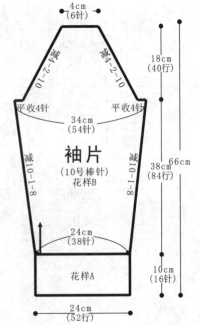

袖片制作说明

1. 棒针编织法，编织两片袖片。从袖口起织。

2. 起织袖口，起16针，横向编织，织52行后，收针。在织片的一侧挑起38针，编织袖身，织花样B，一边织一边两侧加针，方法为10-1-8，织至84行，第85行两侧各平收4针，然后减针织成插肩袖山，方法为4-2-10，织至124行，余下6针，留待编织衣领。

3. 同样的方法再编织另一袖片。

4. 缝合方法：将袖山对应前片与后片的插肩线，用线缝合，再将两袖侧缝对应缝合。

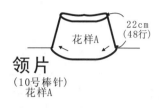

领片
（10号棒针）
花样A

花样A

22cm
（48行）

领片制作说明

1. 棒针编织法，一片环形编织完成。
2. 挑织衣领，沿前后领口挑起60针，织花样A，织48行后，双罗纹针收针法，收针断线。

花样C
（前片花样图解）

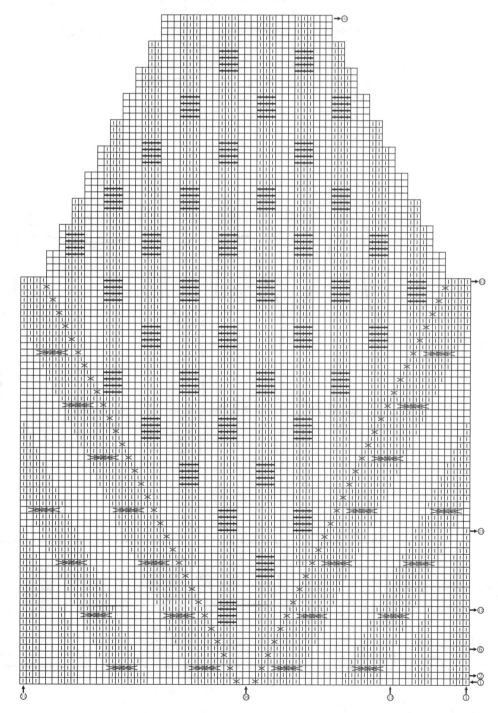

花样A

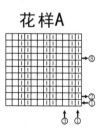

花样B

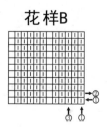

115

雅致长款开衫

【成品规格】衣长75cm，半胸围44cm，肩宽36cm，袖长66cm

【工　　具】10号棒针

【编织密度】16针×22行=10cm²

【材　　料】灰色棉线500g

前片、后片、腰带制作说明

1. 棒针编织法，衣身分为左前片、右前片和后片分别编织而成。

2. 起织后片，起77针，织花样B，两侧一边织一边减针，方法为20-1-3，减针后不加减针织至122行，两侧同时减针织成袖窿，减针方法为1-4-1、2-1-3，两侧针数各减少7针，余下针继续编织，两侧不再加减针，织至第161行时，中间留起25针不织，两侧减针织成后领，方法为2-1-2，织至164行，两肩部各余下14针，收针断线。

3. 起织左前片，起35针，编织花样C与花样D组合编织，组合方法如结构图所示，左侧一边织一边减针，方法为20-1-3，减针后不加针织至122行，左侧减针成袖窿，方法为1-4-1、2-1-3，右侧减针织成前领，方法为2-1-11，余下针继续编织，两侧不再加减针，织至164行，肩部余下14针，收针断线。

4. 同样的方法相反方向编织右前片，完成后将两侧缝缝合，两肩部缝合。

5. 编织腰带。起12针，织花样E，织120cm的长度，收针断线。

符号说明：

□=回	上针
回	下针
2-1-3	行-针-次
◉	镂空针
☑	左上2针并1针
☒	右上2针并1针

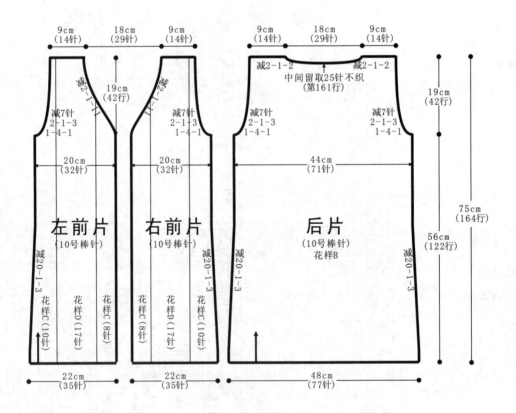

腰带
(10号棒针)
花样E
4cm
(12针)
120cm
(264行)

116

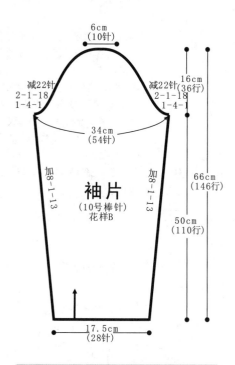

6cm
(10针)

减22针   减22针
2-1-18   2-1-18
1-4-1   1-4-1

16cm
(36行)

34cm
(54针)

加8-1-13   加8-1-13

66cm
(146行)

袖片
(10号棒针)
花样B

50cm
(110行)

17.5cm
(28针)

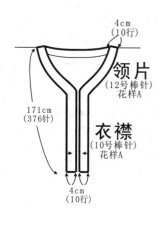

4cm
(10行)

领片
(12号棒针)
花样A

171cm
(376针)

衣襟
(10号棒针)
花样A

4cm
(10行)

袖片制作说明

1. 棒针编织法，编织两片袖片。从袖口起织。
2. 起28针，织花样B，一边织一边两侧加针，方法为8-1-13，织至110行，两侧减针织成袖窿，方法为1-4-1、2-1-18，织至146行，余下10针，收针断线。
3. 同样的方法再编织另一袖片。
4. 缝合方法：将袖山对应前片与后片的袖窿线，用线缝合，再将两袖侧缝对应缝合。

领片、衣襟制作说明

1. 棒针编织法，沿衣襟及衣领边挑针起织。
2. 起376针，织花样A，织10行后，收针断线。

花样A

花样B

花样C

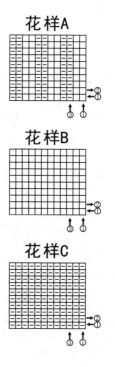

花样D

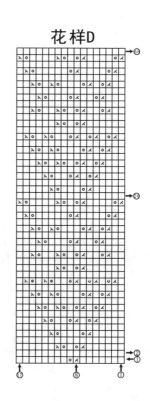

花样E

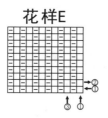

气质扭花纹长毛衣

【成品规格】衣长80cm，袖长58cm，下摆宽52cm
【工　　具】10号棒针
【编织密度】17.75针×32.25行=10cm²
【材　　料】棕色腈纶线700g

前片、后片制作说明

1. 棒针编织法，用10号棒针。由前片，后片组成，从下往上编织。

2. 前片的编织。袖窿以下一片编织而成。袖窿以上织至衣领时，分成左右两片各自编织。

① 起针，双罗纹起针法，起122针，编织花样A双罗纹针，不加减针，20行的高度。在最后一行里，将2针上针并为1针，整片针数减少30针，余下92针继续编织。

② 袖窿以下的编织。第21行起，分配成花样B进行编织，两侧侧缝进行加减针变化，右侧侧缝加减针的方法是，先织30行减1针，减1次，然后是每织16行减1针，共减4次，然后不加减针织26行的高度时，再每织16行加1针加3次，织成168行的高度，至袖窿。

③ 袖窿以上的编织。侧缝加减针变化后，织片针数余下88针，两侧进行袖窿减针，每织6行减2针，减4次，两边各减少8针，余下72针，不加减针织12行，下一行开始衣领减针，将中间的20针一次性收针收掉，两边相反方向减针，右边向右减针，每织2行减4针，减1次，接着每织2行减3针，减2次，然后每织2行减2针，减2次，最后是每织2行减1针，减12次，织成34行，至肩部余下8针，收针断线，另一边的减针方法相同，只是方向相反。

3. 后片的编织。双罗纹起针法，起122针，编织花样A双罗纹针，不加减针，织20行的高度。在最后一行里，如前片一样，将2针上针并

为1针，减少30针，织片余下92针，继续编织。然后第21行起，分配编织花样B，两侧缝进行加减针变化，方法与前片相同。袖窿减针方法也与前片相同，当衣服织至第51行时，中间将44针收针收掉，两边相反方向减针，每织2行减2针，减2次，每织2行减1针，减2次，织成后领边，两肩部余下8针，收针断线。

4. 拼接。将前后片的肩部对应缝合，将两侧缝对应缝合。

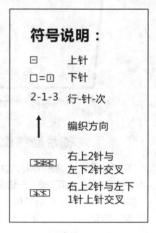

符号说明：

⊟	上针
□=回	下针
2-1-3	行-针-次
↑	编织方向
⟋⟍	右上2针与左下2针交叉
⟋⟍	右上2针与左下1针上针交叉

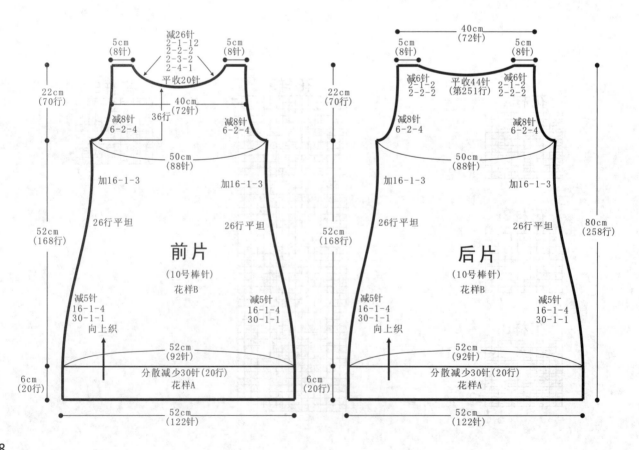

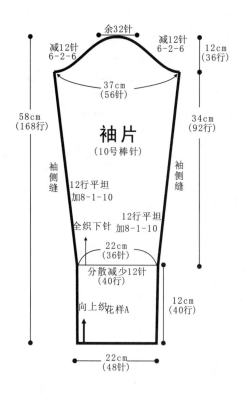

余32针
减12针
6-2-6
减12针
6-2-6
12cm
(36行)
37cm
(56针)
58cm
(168行)
34cm
(92行)
袖片
（10号棒针）
袖侧缝
袖侧缝
12行平坦
加8-1-10
12行平坦
加8-1-10
全织下针
22cm
(36针)
分散减少12针
(40行)
向上织花样A
12cm
(40行)
22cm
(48针)

袖片制作说明

1. 棒针编织法，长袖。从袖口起织。袖山收圆肩。
2. 起针，双罗纹起针法，用10号棒针起织，起48针，来回编织。不加减针织40行的高度，在第40行里，将2针上针并为1针，织片减少12针，余下36针继续编织。进入下一步袖身的编织。
3. 袖身的编织，从第41行起，全织下针，两袖侧缝加针，每织8行加1针，加10次，织成80行，再织12行后，完成袖身的编织。
4. 袖山的编织，两边减针编织，减针方法为，两边每织6行减2针，减6次，余下32针，收针断线。以相同的方法，再编织另一只袖片。
5. 缝合，将袖片的袖山边与衣身的袖窿边对应缝合。将袖侧缝缝合。

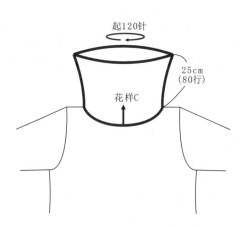

起120针
25cm
(80行)
花样C

领片制作说明

1. 棒针编织法，用10号棒针。
2. 领片的编织，沿着前后衣领边，挑出120针，环织，编织花样C单元宝针，织80行的高度后，全部收针断线。

花样A（双罗纹）

4针一花样

花样C
（单元宝针）

花样B
（衣身花样图解）

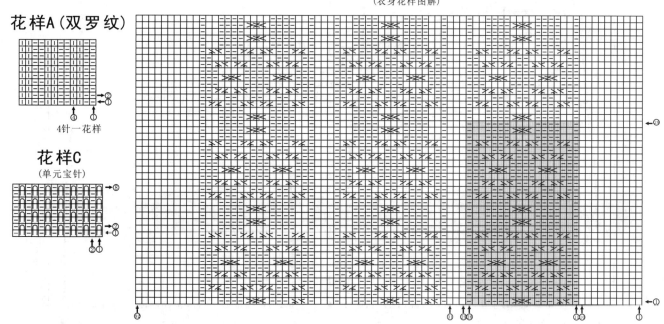

119

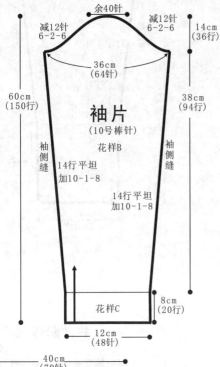

端庄长毛衣

【成品规格】衣长86cm，袖长60cm，下摆宽57cm
【工　　具】10号棒针
【编织密度】17.75针×24.7行=10cm²
【材　　料】咖啡色腈纶线750g，大扣子8枚

符号说明：

曰	上针
□=回	下针
↑	编织方向
2-1-3	行-针-次
右上3针	右上3针与左下2针交叉

前片、后片制作说明

1. 棒针编织法，用10号棒针。由左前片、右前片、后片组成，从下往上编织。

2. 前片的编织。由右前片和左前片组成，以右前片为例。

① 起针，单起针法，起47针，依照花样A进行织片的起始花样分配，右前片的右侧进行侧缝减针，先是织36行减1针，减1次，然后每织10行减1针，减9次，接着不加减针织18行的高度后，每织10行加1针，加2次，织片余下39针，织成164行，至袖隆。

② 袖隆以上的编织。右前片的右边侧缝进行袖隆减针，每织6行减2针，减4次。左边衣襟继续编织成26行时，下一行开始领边减针，从左向右，将2针收针掉，然后每织2行减1针，减8次，不加减针再织10行，织成26行的高度，余下21针，收针断线。

③ 相同的方法去编织左前片。

3. 后片的编织。单起针法，起102针，依照花样B进行起始花样编织分配，两侧缝进行加减针变化，先是织36行减1针，减1次，然后每织10行减1针，减9次，不加减针再织18行，最后是每织10行加1针，加2次。至袖隆，然后袖隆起减针，方法与前片相同。当衣服织

至第209行时，中间将16针收针收掉，两边相反方向减针，每织2行减2针，减2次，每织2行减1针，减2次，织成后领边，两肩部余下21针，收针断线。

4. 拼接。将前后片的肩部对应缝合，将两侧缝对应缝合。

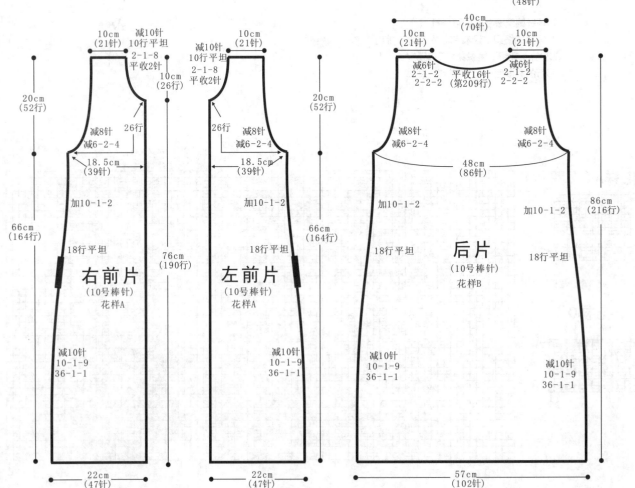

余40针
减12针 6-2-6　　减12针 6-2-6　　14cm (36行)
36cm (64针)
60cm (150行)
38cm (94行)
袖片 (10号棒针) 花样B
袖侧缝
14行平坦 加10-1-8
14行平坦 加10-1-8
花样C
8cm (20行)
12cm (48针)

10cm (21针)　减10针 10行平坦 2-1-8 平收2针　10cm (26行)
20cm (52行)
26行　减8针 减6-2-4
18.5cm (39针)
加10-1-2
18行平坦
66cm (164行)
右前片 (10号棒针) 花样A
减10针 10-1-9 36-1-1
22cm (47针)

10cm (21针)　减10针 10行平坦 2-1-8 平收2针
26行　减8针 减6-2-4
18.5cm (39针)
加10-1-2
18行平坦
76cm (190行)
66cm (164行)
20cm (52行)
左前片 (10号棒针) 花样A
减10针 10-1-9 36-1-1
22cm (47针)

40cm (70针)
10cm (21针)　10cm (21针)
减6针 2-1-2 2-2-2　平收16针 (第209行)　减6针 2-1-2 2-2-2
减8针 减6-2-4　　减8针 减6-2-4
48cm (86针)
加10-1-2　加10-1-2
18行平坦　18行平坦
86cm (216行)
后片 (10号棒针) 花样B
减10针 10-1-9 36-1-1　减10针 10-1-9 36-1-1
57cm (102针)

120

袖片制作说明

1. 棒针编织法，长袖。从袖口起织。袖山收圆肩。

2. 起针，双罗纹起针法，用10号棒针起织，起48针，来回编织。

3. 袖口的编织，起针后，编织花样C双罗纹针，无加减针编织20行的高度后，进入下一步袖身的编织。

4. 袖身的编织，依照花样B进行花样分配，只编织两条棒绞花样，中间相隔14针双罗纹针，棒绞之外编织双罗纹针，两袖侧缝加针，每织10行加1针，加8次，织成80行，再织14行后，完成袖身的编织。

5. 袖山的编织，两边减针编织，减针方法为，两边每织6行减2针，减6次，余下27针，收针断线。以相同的方法，再编织另一只袖片。

6. 缝合，将袖片的袖山边与衣身的袖窿边对应缝合。将袖侧缝缝合。

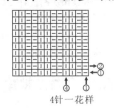

花样C（双罗纹）

4针一花样

花样D（搓板针）

2针一花样

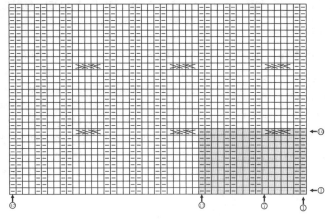

花样A （前片图解）

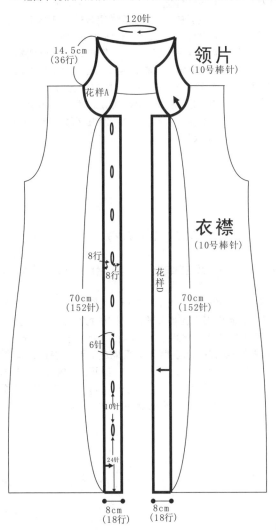

领片、衣襟制作说明

1. 棒针编织法，用10号棒针，先编织衣襟，再编织衣领。

2. 衣襟的编织。挑针起织花样D搓板针，用长毛毛线编织。挑152针，来回编织，不加减针织18行的高度，收针断线。右衣襟要制作8个扣眼，在第9行里，织完24针时，开始制作扣眼，先将接下来的6针收针，然后继续再织10针双罗纹，再将接下来的6针收针，再继续织10针双罗纹，第3次将接下来的6针收针，如此重复，共制作8个扣眼，返回编织时，当织至收针处，用单罗纹起针法，将这些针数重起，即起6针，再接上双罗纹编织，同样的方法编织余下的扣眼，完成这行扣眼后，再织8行后，收针断线。在左衣襟上，在对应右衣襟的位置，钉上扣子。

3. 领片的编织，沿着前后衣领边，挑出120针，来回编织，编织花样D搓板针，不加减针织36行的高度后，收针断线。

花样B

（后片图解）

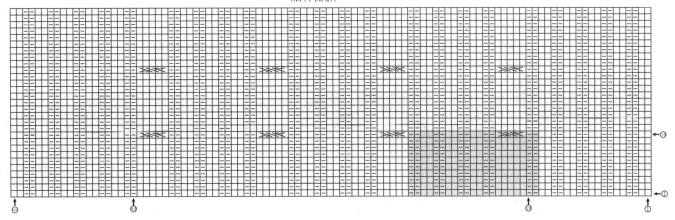

121

休闲连帽套头衫

【成品规格】衣长81cm，袖长48.5cm，下摆宽52cm
【工　　具】9号棒针
【编织密度】16.4针×24.25行=10cm²
【材　　料】浅棕色纯棉线800g

前片、后片、袖片制作说明

1. 棒针编织法，用9号棒针。由前片、后片和2个袖片组成，从下往上编织。

2. 前片的编织。

① 起针，双罗纹起针法，起128针，编织花样A双罗纹针，不加减针，织24行的高度。在最后一行里，将2针上针并为1针，一行内减少32针，织片余下96针，继续往上编织。

② 袖窿以下的编织。第25行起，全织花样B，两侧侧缝进行加减针变化，两侧缝加减针的方法是，织16行减1针，减5次，然后不加减针织8行的高度时，织成88行的高度，至袖窿。

③ 袖窿以上的编织。两侧同时减针，先平收4针，每织6行减2针，减2次，然后每织6行减1针，减12次，当行数织成62行时，中间平收针24针，两边分成左右两片各自编织，以右片为例说明，右边侧缝进行袖窿减针，左边衣领减针，从左向右，每织2行减1针，减11次，余下1针，收针断线。

④ 相同的方法去编织左片。

⑤ 口袋的编织，起34针，编织花样B，不加减针织36行的高度时，在最后一行里收针收起17针，然后织一长条包住袋口，完成后将口袋的其余三边缝于衣身上，相同的方法去制作另一个口袋。

3. 后片的编织。双罗纹起针法，起128针，编织花样A双罗纹针，不加减针，织24行的高度。然后第25行起，全织下针，两侧缝进行加减针变化，织16行减1针，减5次，不加减针再织8行，至袖窿，然后袖窿起减针，方法与前片相同。当衣服织84行时，余下46针，全部收针断线。

4. 袖片的编织。双罗纹起针法，起108针，编织花样A双罗纹针，不加减针织8行的高度后，改织花样C棒绞花样，不加减针织8行的高度后，开始袖山减针编织，全织下针，两边每织4行减2针，减21次，织成84行后，余下24针，收针断线，相同的方法去编织另一袖片。

5. 拼接。将前后片的肩部对应缝合，将两侧缝对应缝合。

符号说明：

□	上针
□=□	下针
↑	编织方向
2-1-3	行-针-次
图	左上2针与右下2针交叉

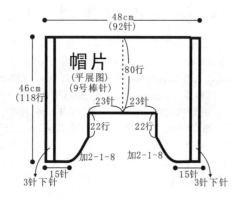

帽片
（平展图）
（9号棒针）

48cm
（92针）

80行

46cm
（118行）

23针　23针

22行　22行

加2-1-8　加2-1-8

15针　　　　　15针
3针下针　　　　3针下针

帽片制作说明

1. 棒针编织法，先由2片各自编织，再连成1片编织而成。帽片全用花样B编织而成。

2. 起针，从前衣领处起织，起15针下针，先编织右片，右侧算起3针全织下针，余下的12针编织花样B，右侧不加减针，左侧进行加针编织，每织2行加1针，加8次，针数加成20针，行数织成16行，然后不加减针再织22行的高度后，左侧向左，用单起针法，起针46针，暂停编织，用相同的方法，加针方向相反，编织左片，当织成38行时，与织好和起针后的右片连成一片编织，不加减针往上织80行的高度，再从中间对折，将帽顶缝合。

毛线球制作方法

1. 用毛线球制作器制作。

2. 无制作器者，可利用身边废弃的硬纸制作。剪两块长约10cm，宽3cm的硬纸，剪一段长于硬纸的毛线，用于系毛线球，将剪好的两块硬纸夹住这段毛线（见右图）。下面制作毛线球球体，将毛线缠绕两块硬纸，绕得越密，毛线球越密实，缠绕足够圈数后，将夹住的毛线，从硬纸板夹缝将缠绕的毛线系结，拉紧，用剪刀穿过另一端夹缝，将毛线剪断，最后将散开的毛线剪圆即成。

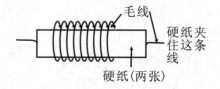

毛线

硬纸夹住这条线

硬纸（两张）

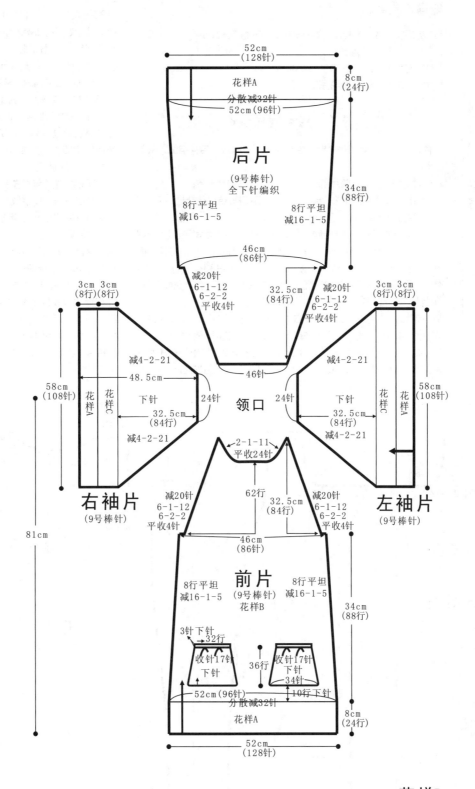

52cm
(128针)

花样A

分散减32针
52cm(96针)

8cm
(24行)

后片

(9号棒针)
全下针编织

8行平坦
减16-1-5

8行平坦
减16-1-5

34cm
(88行)

46cm
(86针)

减20针
6-1-12
6-2-2
平收4针

减20针
6-1-12
6-2-2
平收4针

32.5cm
(84行)

3cm 3cm
(8行)(8行)

减4-2-21

48.5cm

下针

24针

领口

24针

下针

减4-2-21

3cm 3cm
(8行)(8行)

58cm
(108针)

花样A 花样C

32.5cm
(84行)

减4-2-21

右袖片
(9号棒针)

减20针
6-1-12
6-2-2
平收4针

2-1-11
平收24针

32.5cm
(84行)

减4-2-21

花样C 花样A

58cm
(108针)

32.5cm
(84行)

左袖片
(9号棒针)

减20针
6-1-12
6-2-2
平收4针

81cm

62行

46cm
(86针)

8行平坦
减16-1-5

前片
(9号棒针)
花样B

8行平坦
减16-1-5

34cm
(88行)

3针下针
32行

收针17针
下针

36行

收针17针
下针
34针

52cm(96针)
分散减32针

10行下针

8cm
(24行)

花样A

52cm
(128针)

花样A(双罗纹)

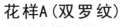

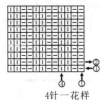

4针一花样

花样B

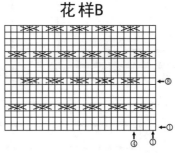

123

时尚长款毛衣

【成品规格】衣长80cm，袖长54cm，下摆宽62cm
【工　　具】10号棒针
【编织密度】22针×24.75行＝10cm²
【材　　料】浅棕色腈纶线800g

符号说明：

☐	上针
☐=☐	下针
2-1-3	行-针-次
↑	编织方向

前片、后片制作说明

1. 棒针编织法，用10号棒针。由左前片、右前片、后片组成，从下往上编织。

2. 前片的编织。由右前片和左前片组成，以右前片为例。

① 起针，单罗纹起针法，起62针，编织花样A单罗纹针，不加减针，织4行的高度。

② 袖窿以下的编织。第5行起，左侧算起14针，继续编织花样A单罗纹针，余下的针数全织下针。右侧侧缝进行加减针变化，左侧衣襟边不进行加减针。右侧缝加减针的方法是，先织30行减1针，减4次，然后不加减针织2行的高度时，织成122行的高度，至袖窿。左前片的加减针是左侧缝，右侧衣襟不加减针。

③ 袖窿以上的编织。右前片的右边侧缝进行袖窿减针，先每织4行减2针，减2次，然后每织6行减2针，减2次。左边衣襟继续编织成4行时，下一行开始领边加针，加针方法见花样B，加出的花样为单罗纹针，依照图解织成36行后，开始领边减针，从左向右，一次性

将36针收针，接着领边减针，每织6行减2针，减4次，不加减针再织12行后，至肩部，余下14针，收针断线。

④ 口袋的编织，从第5行起织至34行时，将织片分成两半各自编织，从衣襟边的下针花样算起33针的位置开始分片编织。右前片的右边近口袋侧是加针编织，而左边是减针编织。加针是每织4行加1针，加5次，减针是每织4行减1针，减5次。织成20行后，将所有的针数并为1片进行编织。

⑤ 相同的方法去编织左前片。

3. 后片的编织。单罗纹起针法，起136针，编织花样A单罗纹针，不加减针，织4行的高度。然后第5行起，全织下针，两侧缝进行加减针变化，先是织30行减1针，减4次，不加减针再织2行，至袖窿，然后袖窿起减针，方法与前片相同。当衣服织至第191行时，中间将72针收针收掉，两边相反方向减针，每织2行减2针，减2次，每织2行减1针，减2次，织成后领边，两肩部余下14针，收针断线。

4. 拼接。将前后片的肩部对应缝合，将两侧缝对应缝合。

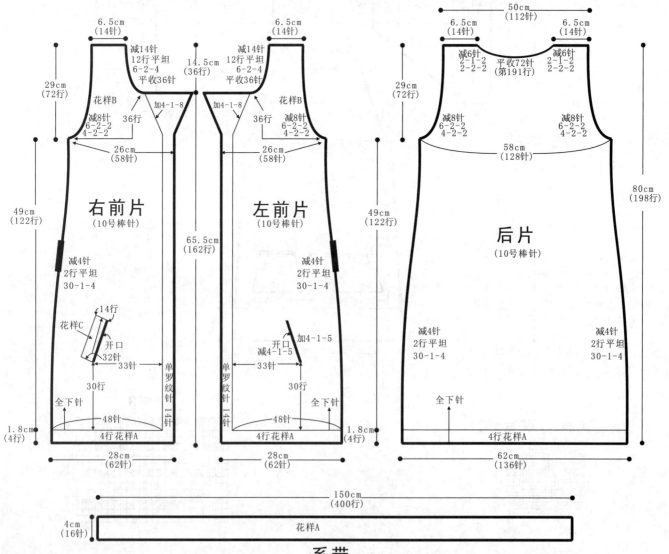

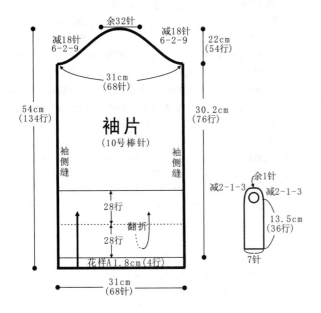

余32针

减18针
6-2-9

减18针
6-2-9

22cm
(54行)

31cm
(68针)

54cm
(134行)

袖片
(10号棒针)

30.2cm
(76行)

袖侧缝

袖侧缝

减2-1-3

余1针

减2-1-3

13.5cm
(36行)

28行

翻折

28行

7针

花样A 1.8cm（4行）

31cm
(68针)

袖片制作说明

1. 棒针编织法，中长袖。从袖口起织。袖山收圆肩。

2. 起针，单罗纹起针法，用10号棒针起织，起68针，来回编织。

3. 袖口的编织，起针后，编织花样A单罗纹针，无加减针编织4行的高度后，进入下一步袖身的编织。

4. 袖身的编织，从第5行，全织下针，两袖侧缝不加减针，行数织成76行，完成袖身的编织。

5. 袖山的编织，两边减针编织，减针方法为，两边每织6行减2针，减9次，余下32针，收针断线。以相同的方法，再编织另一只袖片。

6. 制作两个带扣，起7针，正面织下针，返回织上针，不加减针织36行的高度后，两边同时减针，每织2行减1针，减3次，余下1针，收针断线。另外再编织2个缝于肩上。

7. 如结构图所示，将第1行至32行向外翻起，将带扣的起针处缝于袖中轴内侧，尖端将袖身用扣子钉牢。

8. 缝合，将袖片的袖山边与衣身的袖窿边对应缝合。将袖侧缝缝合。

112针

48针

12cm
(30行)

花样A

32针

32针

领片
(10号棒针)

花样A（单罗纹）

2针一花样

花样B
（袖窿与前衣领加减针图解）

领片、系带制作说明

1. 棒针编织法，用10号棒针。

2. 挑针起织，沿着衣领边，但衣领边的单罗纹加针处不挑针，其他边挑出112针，起织花样A单罗纹针，不加减针织30行的高度后，收针断线。

3. 系带的制作，起16针，编织花样A单罗纹针，不加减针，织400行的高度，完成后，收针断线。

花样C（双罗纹）

4针一花样

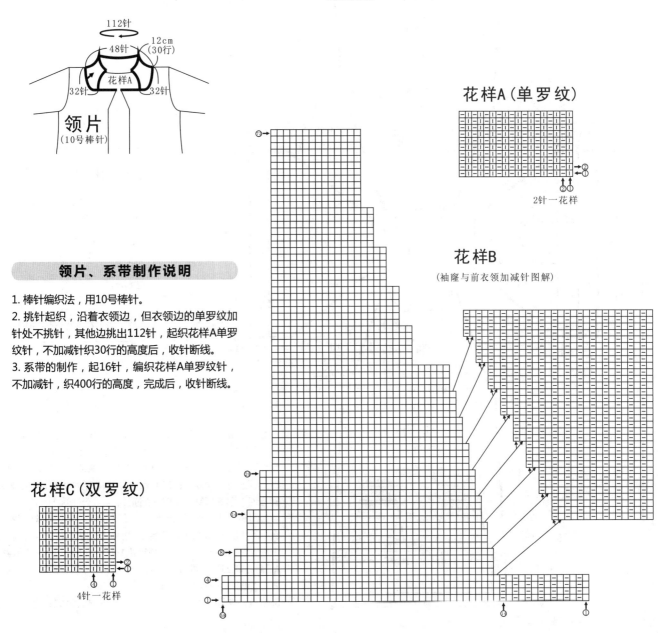

125

大气连帽长毛衣

【成品规格】衣长81cm，袖长48.5cm，
　　　　　　下摆52cm
【工　　具】9号棒针
【编织密度】16.4针×24.25行=10cm²
【材　　料】灰色纯棉线800g

前片、后片、袖片制作说明

1. 棒针编织法，用9号棒针。由前片、后片和2个袖片组成，从下往上编织。
2. 前片的编织。

① 起针，双罗纹起针法，起128针，编织花样A双罗纹针，不加减针，织24行的高度。在最后一行里，将2针上针并为1针，一行内减少32针，织片余下96针，继续往上编织。
② 袖隆以下的编织。第25行起，全织下针，两侧侧缝进行加减针变化，两侧缝加减针的方法是，织16行减1针，减5次，然后不加减针织8行的高度时，织成88行的高度，至袖隆。衣身的花样编织顺序是，先织46行下针，然后从侧缝开始算起14针织下针，从第15针开始，织17针的花样B，然后再织30针下针，接下来的17针再织花样B，余下的14针全织下针。照此花样的分配，往上编织。
③ 袖隆以上的编织。两侧同时减针，先平收4针，每织6行减2针，减2次，然后每织6行减1针，减12次，当行数织成62行时，中间平收针24针，两边分成左右两片各自编织，以右片为例说明，右边侧缝进行袖隆减针，左边衣领减针，从左向右，每织2行减1针，减11次，余下1针，收针断线。
④ 相同的方法去编织左片。
⑤ 口袋的编织。起34针，正面全织下针，返回全织上针，不加减针织36行的高度时，打皱褶，收缩起17针，让袋口的宽度与花样B的宽度相等，然后织一长条包住袋口，完成后将口袋的袋口对准花样B的起织处，将口袋的其余三边缝于衣身上，相同的方法去制作另一个口袋。

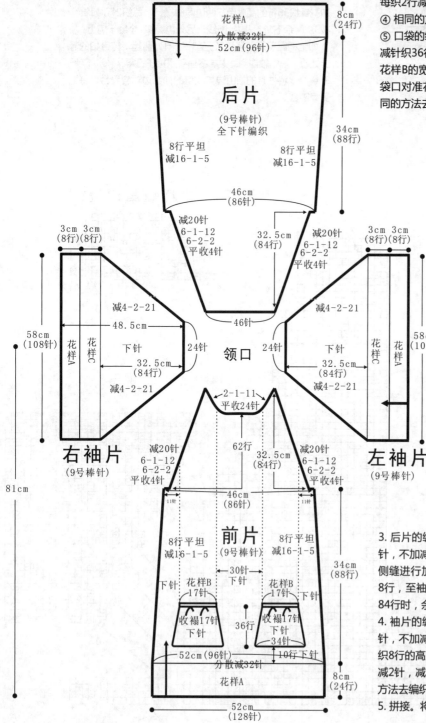

符号说明：

符号	说明
⊟	上针
□=⊡	下针
↑	编织方向
2-1-3	行-针-次
	左上3针与右下3针交叉
	左上2针与右下2针交叉

3. 后片的编织。双罗纹起针法，起128针，编织花样A双罗纹针，不加减针，织24行的高度。然后第25行起，全织下针，两侧缝进行加减针变化，织16行减1针，减5次，不加减针再织8行，至袖隆，然后袖隆起减针，方法与前片相同。当衣服织84行时，余下46针，全部收针断线。
4. 袖片的编织。双罗纹起针法，起108针，编织花样A双罗纹针，不加减针织8行的高度后，改织花样C棒纹花样，不加减针织8行的高度后，开始袖山减针编织，全织下针，两边每织4行减2针，减21次，织成84行后，余下24针，收针断线，相同的方法去编织另一袖片。
5. 拼接。将前后片的肩部对应缝合，将两侧缝对应缝合。

花样A（双罗纹）

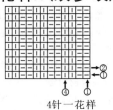

4针一花样

花样C

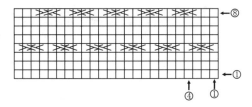

花样B

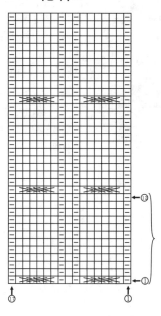

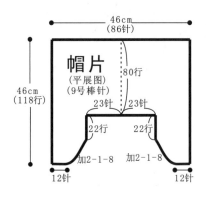

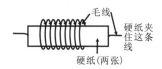

毛线
硬纸夹
住这条
线

硬纸（两张）

帽片制作说明

1. 棒针编织法，先由2片各自编织，再连成1片编织而成。

2. 起针，从前衣领处起织，起12针下针，先编织右片，右侧不加减针，左侧进行加针编织，每织2行加1针，加8次，针数加成20针，行数织成16行，然后不加减针再织22行的高度后，左侧向左，用单起针法，起针46针，暂停编织，用相同的方法，加针方向相反，编织左片，当织成38行时，与织好和起针后的右片连成一片编织，不加减针往上织80行的高度，再从中间对折，将帽顶缝合。

毛线球制作方法

1. 用毛线球制作器制作。

2. 无制作器者，可利用身边废弃的硬纸制作。剪两块长约10cm，宽3cm的硬纸，剪一段长于硬纸的毛线，用于系毛线球，将剪好的两块硬纸夹住这段毛线（见上图）。下面制作毛线球球体，将毛线缠绕两块硬纸，绕得越密，毛线球越密实，缠绕足够圈数后，将夹住的毛线，从硬纸板夹缝将缠绕的毛线系结，拉紧，用剪刀穿过另一端夹缝，将毛线剪断，最后将散开的毛线剪圆即成。

潇洒长款毛衣

【成品规格】衣长80cm，袖长57.5cm，下摆宽60cm
【工　具】10号棒针
【编织密度】18针×26行=10cm²
【材　料】浅棕色腈纶线750g，大扣子1枚

前片、后片制作说明

1. 棒针编织法，用10号棒针。由左前片、右前片、后片组成，从下往上编织。
2. 前片的编织。由右前片和左前片组成，以右前片为例。

① 起针，下针起针法，起54针，编织花样A，不加减针，织22行的高度。
② 袖隆以下的编织。第21行起，依照花样B进行花样分配，在编织过程中，右前片的右侧侧缝进行加减针变化，右侧缝加减针的方法是，先织42行减1针，减1次，每织10行减1针，减9次，织成132行的高度，至袖隆。左侧衣襟不加减针织成126行时，向右收针，收掉9针，即一组棒绞花样的针数，然后织4行减2针，再织2行后至袖隆的高度。左前片的加减针是左侧缝，右侧衣襟不加减针。
③ 袖隆以上的编织。右前片的右边侧缝进行袖隆减针，先平收5针，然后每织2行减1针，减6次。左边衣襟继续衣领减针，往上继续织2行减针，减2次，然后是每织4行减1针减6次，不加减再织28行后，至肩部，余下14针，收针断线。

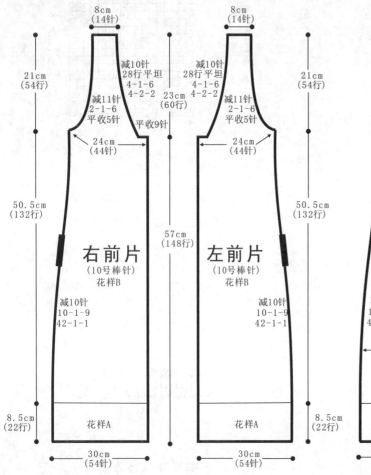

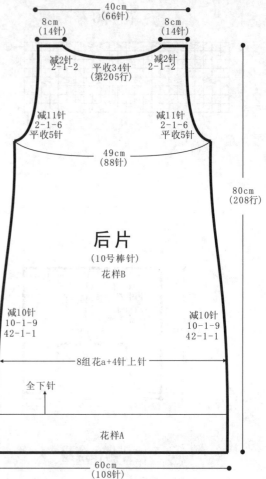

④ 相同的方法去编织左前片。

3. 后片的编织。下针起针法，起108针，编织花样A，不加减针，织22行的高度。然后第23行起，依照花样B进行棒绞花样分配，由8组花a，再织4针上针形成对称性花样，两侧缝进行加减针变化，先是织42行减1针，减1次，然后每织10行减1针，减9次。至袖隆，然后袖隆起减针，方法与前片相同。当衣服织至第205行时，中间将34针收针收掉，两边相反方向减针，每织2行减1针，减2次，织成后领边，两肩部余下14针，收针断线。
4. 拼接。将前后片的肩部对应缝合，将两侧缝对应缝合。

花样B
(前片花样分配)

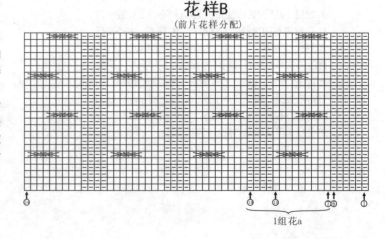

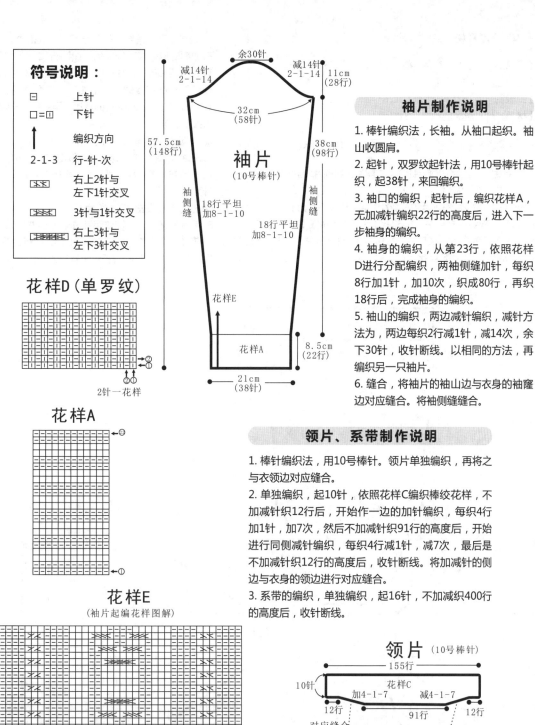

符号说明：

- □　　　上针
- □=回　下针
- ↑　　　编织方向
- 2-1-3　行-针-次
- ▨　　右上2针与左下1针交叉
- ▧　　3针与1针交叉
- ▨▨　右上3针与左下3针交叉

花样D（单罗纹）

2针一花样

花样A

袖片
（10号棒针）

余30针
减14针 2-1-14
减14针 2-1-14
11cm（28行）
32cm（58针）
57.5cm（148行）
38cm（98行）
袖侧缝
18行平坦 加8-1-10
18行平坦 加8-1-10
袖侧缝
花样E
花样A
8.5cm（22行）
21cm（38针）

花样C

袖片制作说明

1. 棒针编织法，长袖。从袖口起织。袖山收圆肩。

2. 起针，双罗纹起针法，用10号棒针起织，起38针，来回编织。

3. 袖口的编织，起针后，编织花样A，无加减针编织22行的高度后，进入下一步袖身的编织。

4. 袖身的编织，从第23行，依照花样D进行分配编织，两袖侧缝加针，每织8行加1针，加10次，织成80行，再织18行后，完成袖身的编织。

5. 袖山的编织，两边减针编织，减针方法为，两边每织2行减1针，减14次，余下30针，收针断线。以相同的方法，再编织另一只袖片。

6. 缝合，将袖片的袖山边与衣身的袖隆边对应缝合。将袖侧缝缝合。

领片、系带制作说明

1. 棒针编织法，用10号棒针。领片单独编织，再将之与衣领边对应缝合。

2. 单独编织，起10针，依照花样C编织棒绞花样，不加减针织12行后，开始作一边的加针编织，每织4行加1针，加7次，然后不加减针织91行的高度后，开始进行同侧减针编织，每织4行减1针，减7次，最后是不加减针织12行的高度后，收针断线。将加减针的侧边与衣身的领边进行对应缝合。

3. 系带的编织，单独编织，起16针，不加减织400行的高度后，收针断线。

花样E
（袖片起编花样图解）

领片 (10号棒针)

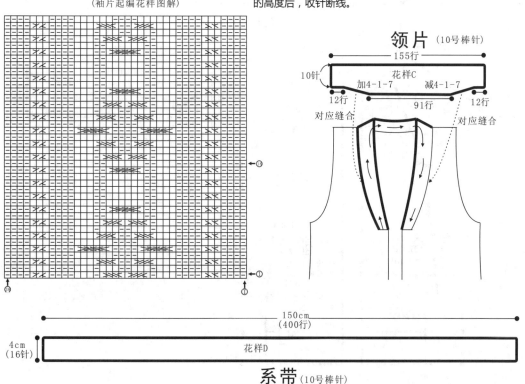

155行
10针
花样C
加4-1-7　减4-1-7
12行　　91行　　12行
对应缝合　　　　对应缝合

系带 (10号棒针)

150cm（400行）
4cm（16针）
花样D

休闲长款开衫

【成品规格】衣长98cm，袖长55cm，下摆55cm

【工　具】10号棒针

【编织密度】18针×28行=10cm²

【材　料】浅棕色纯棉线800g

前片、后片、袖片制作说明

1. 棒针编织法，用10号棒针。由左前片、右前片、后片和2个袖片组成，从下往上编织。

2. 前片的编织。由右前片和左前片组成，以右前片为例。

① 起针，双罗纹起针法，起62针，编织花样A双罗纹针，不加减针，织20行的高度。在最后一行里，将2针上针并为1针，一行内减少15针，织片余下47针，继续往上编织。

② 袖隆以下的编织。第21行起，全织花样B，右侧侧缝进行加减针变化，织74行减1针，减1次，然后每织8行减1针，减5次，然后不加减针织30行的高度时，开始加针，每织8行加1针，加3次。织成168行的高度，至袖隆。左侧衣襟不加减针。

③ 袖隆以上的编织。袖隆减针，先平收4针，每织6行减2针，减12次，当行数织成40行时，从左向右，每织2行减1针，减16次，余下1针，收针断线。

④ 相同的方法去编织左前片。

3. 后片的编织。双罗纹起针法，起132针，编织花样A双罗纹针，不加减针，织20行的高度。在最后一行里，将2针上针并为1针，针数

符号说明：

□	上针
□=□	下针
2-1-3	行-针-次
↑	编织方向
▯	滑针

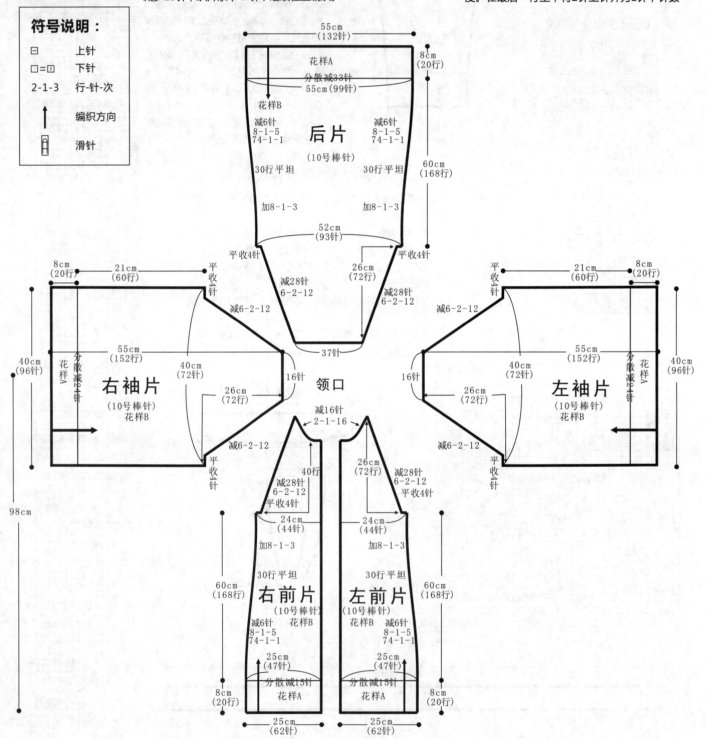

98cm

130

减少33针，余下99针，继续编织。然后第21行起，全织花样B，两侧缝进行加减针变化，两边织74行减1针，减1次，然后每织8行减1针，减5次，不加减针再织30行，进入加针，两边每织8行加1针，加3次。至袖窿，然后袖窿起减针，方法与前片相同。当衣服织72行时，余下37针，全部收针断线。

4. 袖片的编织。双罗纹起针法，起96针，编织花样A双罗纹针，不加减针织20行的高度后，在最后一行里，将2针上针并为1针，针数减少24针，余下72针，继续编织。从第21行起，全织花样B，不加减针织60行的高度后，开始袖山减针编织，两边每织6行减2针，减12次，织成72行后，余下16针，收针断线，相同的方法去编织另一袖片。

5. 拼接。将前后片的插肩缝与袖片的插肩缝缝合，将前后片的侧缝对应缝合，将两袖片的侧缝缝合。

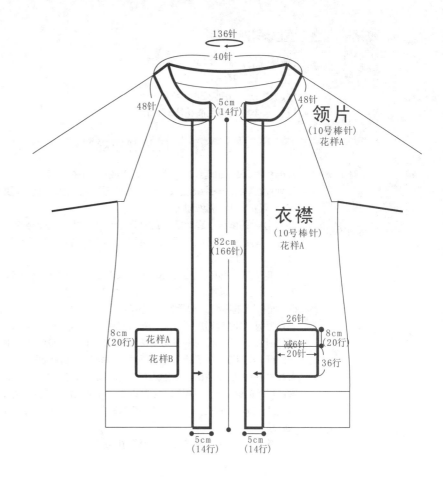

领片、衣襟制作说明

1. 棒针编织法，用10号棒针，先编织衣襟，再编织衣领。

2. 衣襟的编织。从衣摆至领边减针处，为衣襟编织处。挑针起织花样A双罗纹针，挑166针，来回编织，不加减针织14行的高度，收针断线。

3. 领片的编织，沿着前后衣领边，挑出136针，来回编织，编织花样A双罗纹针，不加减针织14行的高度后，收针断线。

4. 编织2个口袋，双罗纹起针法，起26针，起织花样A双罗纹针，不加减针织20行的高度，在最后一行里，将2针上针并为1针，减少6针，针数余下20针，下一行起，全织花样B，不加减针编织36行的高度后，收针断线，将其中三边缝合于前片衣摆上边，相同的方法，再制作另一个口袋，缝于另一前片，相同的位置上。

花样A（双罗纹）

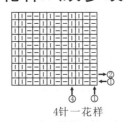

4针一花样

花样B
（衣身花样图解）

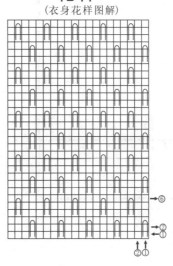

气质短袖针织衫

【成品规格】衣长94cm，下摆宽45cm
【工　　具】9号棒针
【编织密度】18针×24行=10cm²
【材　　料】浅棕色腈纶线800g

前片、后片制作说明

1. 棒针编织法，由前片1片，后片1片组成。从下往上编织。
2. 前片的编织。一片织成。起针，双罗纹起针法，起104针，起织花样A双罗纹针，来回编织。

① 衣摆片的编织，起针后，编织花样A双罗纹针，不加减针织50行的高度后，在最后一行里，将2针上针并为1针，减少26针，余下78针继续编织。

② 袖窿以下的编织，从51行起，依照花样B，将78针分配成花样B，两侧边不加减针，照图解成128行的高度，至袖窿。

③ 袖窿以上的编织。分成两片各自编织。每片39针，分配后，以右片为例，两边同时减针编织，袖窿这端，先平收2针，然后每织4行减1针，减13次，衣领这边是每织2行减1针，减26次，两边同步进行，织至最后余下1针，收针断线。相同的方法去编织左片。
3. 后片的编织。后片的衣摆全织花样A双罗纹针，衣身全织上针，袖窿以下的织法与前片相同，袖窿以上，袖窿减针与前片相同，但后片无衣领减针变化，袖窿减针织成52行后，余下48针，全部收针断线。
4. 拼接，将前片的侧缝与后片的侧缝对应缝合。

符号说明：

符号	说明
□	上针
□=①	下针
2-1-3	行-针-次
↑	编织方向
⊠	左并针
⊡	右并针
⊙	镂空针
⊠	穿左针交叉
⊠	穿右针交叉
⊠	穿左2针交叉
⊠⊠	3针与1针交叉
⊠⊠⊠	左上3针与右下3针交叉

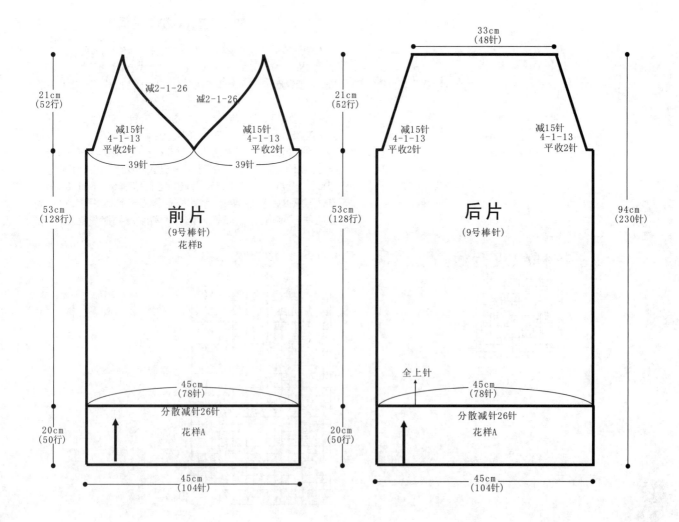

前片图解：
21cm（52行）、53cm（128行）、20cm（50行）
减2-1-26
减15针 4-1-13 平收2针
39针
前片（9号棒针）花样B
45cm（78针）
分散减针26针
花样A
45cm（104针）

后片图解：
33cm（48针）
21cm（52行）、53cm（128行）、20cm（50行）、94cm（230针）
减15针 4-1-13 平收2针
后片（9号棒针）
全上针
45cm（78针）
分散减针26针
花样A
45cm（104针）

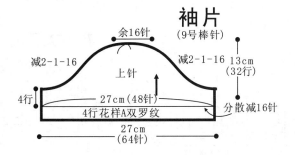

袖片
（9号棒针）

余16针

减2-1-16　　　　　　减2-1-16　13cm
　　　　　　上针　　　　　　（32行）

4行　　27cm（48针）

4行花样A双罗纹　　　　　分散减16针

27cm
（64针）

袖片制作说明

1. 棒针编织法，短袖。从袖口起织。

2. 起针，双罗纹起针法，用9号棒针起织，起64针，来回编织。

3. 袖口的编织，起针后，编织花样A双罗纹针，无加减针编织4行的高度后，在最后一行里，将2针上针并为1针，进入下一步袖身的编织。

4. 袖身的编织，从完成的袖口第5行，全织上针，不加减针织4行后，开始袖山减针，两边同时减针，每织2行减1针，减16次，余下16针，在最后一行里，将4针收褶，形成灯笼袖的形状。相同的方法去编织另一袖片。

5. 缝合，将袖片的袖山边与衣身的袖窿边对应缝合。但袖山顶端不与衣身插肩缝进行缝合。

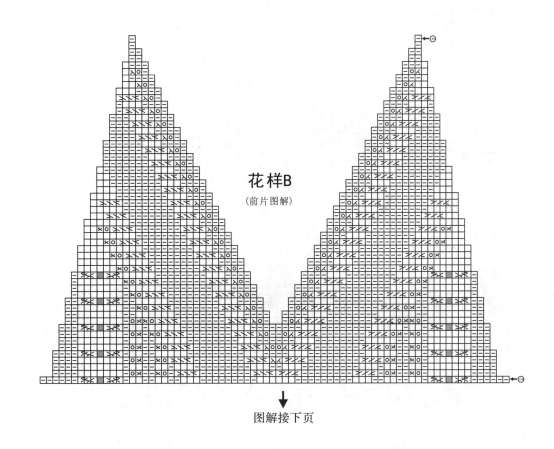

37.5cm
（90行）

60针

148针

44针　　花样A　　44针

领片
（9号棒针）

领片制作说明

1. 棒针编织法，用9号棒针。

2. 领片的编织，沿着前后衣领边，挑出148针，来回编织，编织花样A双罗纹针，不加减针织90行的高度后，收针断线。

花样B
（前片图解）

图解接下页

图解接上页

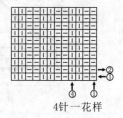

花样A双罗纹)

4针一花样

小球织法

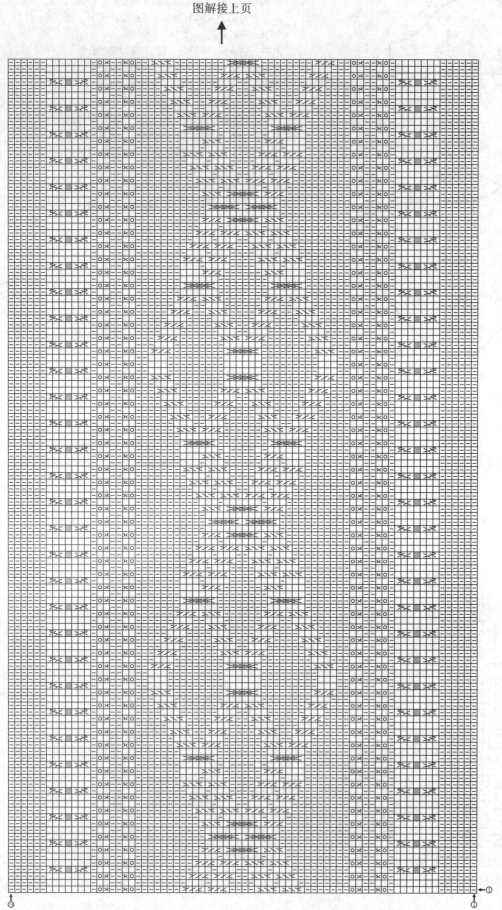

图解接上页

简约配色长毛衣

【成品规格】衣长75cm，下摆宽42cm
【工　　具】11号棒针
【编织密度】20针×28行=10cm²
【材　　料】花棉线500g

前片、后片制作说明

1. 棒针编织法，衣服分为衣身片和衣摆片两片编织，衣身袖隆以下一片编织完成，袖隆起分为左前片、右前片、后片来编织。衣摆一片编织。织片较大，可采用环形针编织。

2. 起织衣身片，下针起针法，起136针织花样B，织至58行，从第59行起将织片分片，分为右前片、左前片和后片，右前片与左前片各取26针，后片取84针编

织。先编织后片，而右前片与左前片的针眼用防解别针扣住，暂时不织。

3. 分配后片的针数到棒针上，用11号针编织，起织时两侧同时减针织成袖隆，减针方法为1-2-1、2-1-4，两侧针数各减少6针，余下针继续编织，两侧不再加减针，织至第109行时，中间平收28织，两端相反方向减针编织，各减少2针，方法为2-1-2，最后两肩部余下20针，收针断线。

4. 左前片与右前片的编织，两者编织方法相同，但方向相反，以右前片为例，右前片的左侧为衣襟边，不加减针编织，右侧要减针织成袖隆，减针方法为1-2-1、2-1-4，针数减少6针，余下针数继续编织至112行，织片余下20针，收针断线。

5. 前片与后片的两肩部对应缝合。

6. 编织衣摆片。下针起针法起70针，织花样A，织至426行，收针。将衣摆片一侧居中与衣身片下摆缝合。

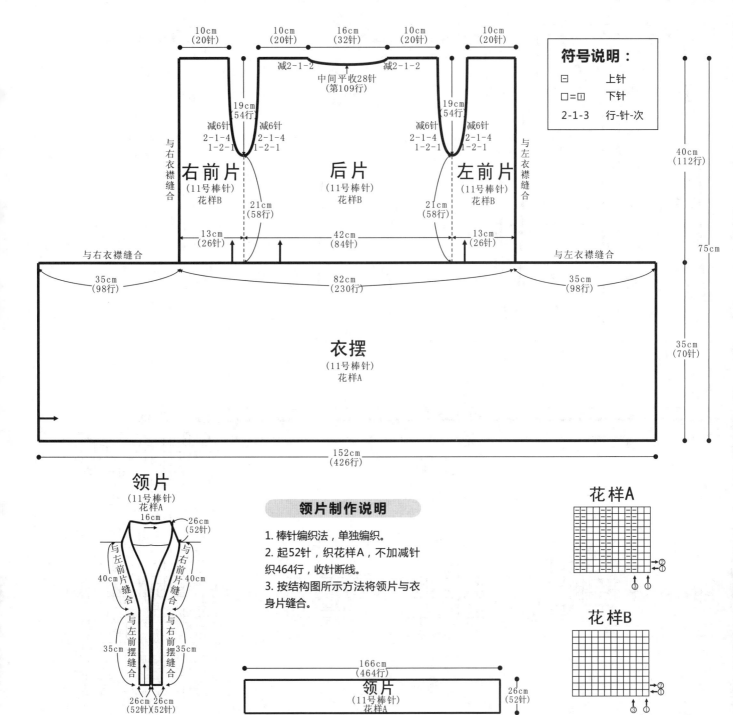

符号说明：

□	上针
□=回	下针
2-1-3	行-针-次

领片制作说明

1. 棒针编织法，单独编织。

2. 起52针，织花样A，不加减针织464行，收针断线。

3. 按结构图所示方法将领片与衣身片缝合。

花样A

花样B

休闲连帽长毛衣

【成品规格】衣长75cm，下摆宽48cm，袖长66cm
【工　　具】10号棒针
【编织密度】16针×22行=10cm²
【材　　料】浅咖色棉线700g

前片、后片制作说明

1. 棒针编织法，衣身分为左前片、右前片和后片分别编织而成。
2. 起织后片，起77针，织花样A，织6行后改织花样B，两侧一边织一边减针，方法为20-1-3，减针后不加减针织至122行，两侧同时减针织成袖窿，减针方法为1-4-1、2-1-3，两侧针数各减少7针，余下针继续编织，两侧不再加减针，织至第161行时，中间留起25针不织，两侧减针织成后领，方法为2-1-2，织至164行，两肩部各余下14针，收针断线。

3. 起织左前片，起37针织花样A，织6行后改织花样C与花样D组合编织，组合方法如结构图所示，左侧一边织一边减针，方法为20-1-3，减针后不加减针至122行，左侧减针织成袖窿，方法为1-4-1、2-1-3，右侧减针织成前领，方法为2-1-13，余下针继续编织，两侧不再加减针，织至164行，肩部余下14针，收针断线。
4. 同样的方法相反方向编织右前片，完成后将两侧缝缝合，两肩部缝合。
5. 编织腰带。起12针，织花样A，织120cm的长度，收针断线。

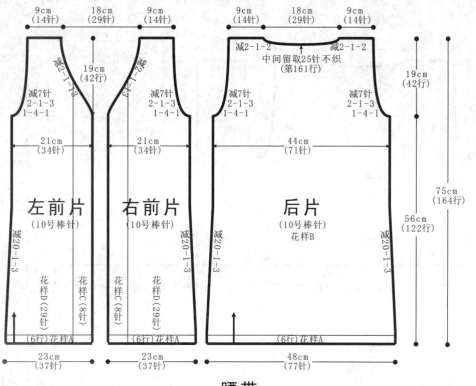

左前片（10号棒针）　右前片（10号棒针）　后片（10号棒针）花样B

9cm（14针）　18cm（29针）　9cm（14针）　　9cm（14针）　18cm（29针）　9cm（14针）

减2-1-2　中间留取25针不织（第161行）　减2-1-2

减7针 2-1-3 1-4-1

19cm（42行）

21cm（34针）　21cm（34针）　44cm（71针）

75cm（164行）　56cm（122行）　19cm（42行）

减20-1-3

花样D（29针）　花样C（8针）　花样C（8针）　花样D（29针）

（6行）花样A

23cm（37针）　23cm（37针）　48cm（77针）

腰带
（10号棒针）
花样A

4cm（12针）

120cm（264行）

符号说明：

□=□	上针
□	下针
2-1-3	行-针-次
⊠	左并针
◎	镂空针
|	长针
⌒	锁针

花样D

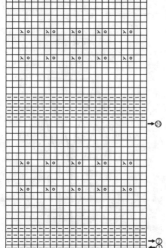

花样A
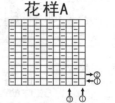

花样B
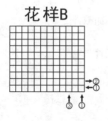

花样C
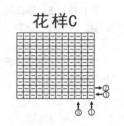

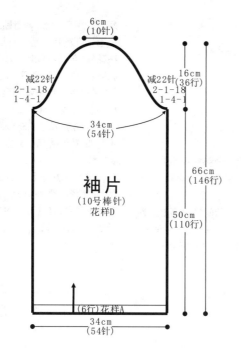

6cm
(10针)

减22针
2-1-18
1-4-1

减22针
2-1-18
1-4-1

16cm
(36行)

34cm
(54针)

66cm
(146行)

袖片
(10号棒针)
花样D

50cm
(110行)

(6行)花样A

34cm
(54针)

袖片制作说明

1. 棒针编织法，编织两片袖片。从袖口起织。

2. 起54针，织花样A，织6行后，改织花样D，不加减针织至织至110行，两侧减针织成袖窿，方法为1-4-1、2-1-18，织至146行，余下10针，收针断线。

3. 同样的方法再编织另一袖片。

4. 缝合方法：将袖山对应前片与后片的袖窿线，用线缝合，再将两袖侧缝对应缝合。

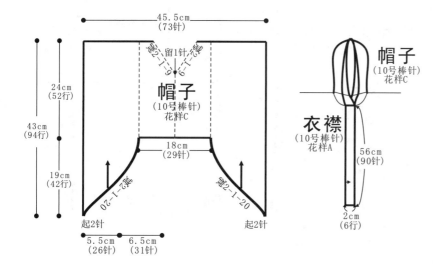

45.5cm
(73针)

减
2-1-9
留1针
减
2-1-9

24cm
(52行)

43cm
(94行)

帽子
(10号棒针)
花样C

18cm
(29针)

19cm
(42行)

减2-1-20

减2-1-20

起2针

起2针

5.5cm
(26针)

6.5cm
(31针)

帽子
(10号棒针)
花样C

衣襟
(10号棒针)
花样A

56cm
(90针)

2cm
(6行)

帽子、衣襟制作说明

1. 编织帽子外层，棒针编织，起2针，一边织一边左侧加针，方法为2-1-20，加至22针，共织42行，同样的方法，相反方向编帽子的另一侧织片，完成后，将两片 连起来编织，中间加起29针，织片共73针。不加减针往上织至76行，然后织片中间一针继续往上编织，两侧减针编织，方法为2-1-9，织至94行后，织片共余下45针，收针断线。将帽顶缝合。

2. 编织帽子里层。起138针，织花样A，织6行后，收针。改为钩针钩织花样E，详细方法见花样E图解。完成后将两层帽子的领口同时与衣身领口缝合。

3. 挑织衣襟，沿左右前片衣襟边及帽边分别挑针起织，挑起170针，织花样A，织6行后收针断线。

4. 编织饰花。起30针，织花样A，织10行后收针断线，将织片卷曲成玫瑰花状，缝合于帽侧。

花样E
帽子

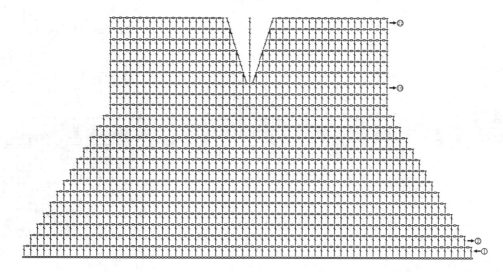

休闲翻领针织衫

【成品规格】衣长75cm，半胸围44cm，袖长66cm

【工　　具】10号棒针

【编织密度】16针×22行=10cm²

【材　　料】灰色棉线700g

前片、后片制作说明

1. 棒针编织法，衣身分为左前片、右前片和后片分别编织而成。

2. 起织后片，起77针，织花样A，织6行后改织花样C，两侧一边织一边减针，方法为20-1-3，减针后不加减针织至122行，两侧同时减针织成袖窿，减针方法为1-4-1、2-1-3，两侧针数各减少7针，余下针继续编织，两侧不再加减针，织至第161行时，中间留起25针不织，两侧减针织成后领，方法为2-1-2，织至164行，两肩部各余下14针，收针断线。

3. 起织左前片，起37针织花样A，织6行后改织花样C与花样D组合编织，组合方法如结构图所示，左侧一边织一边减针，方法为20-1-3，减针后不加减针织至122行，左侧减针织成袖窿，方法为1-4-1、2-1-3，右侧减针织成前领，方法为2-1-13，余下针继续编织，两侧不再加减针，织至164行，肩部余下14针，收针断线。

4. 同样的方法相反方向编织右前片，完成后将两侧缝缝合，两肩部缝合。

5. 编织腰带。起12针，织花样A，织120cm的长度，收针断线。

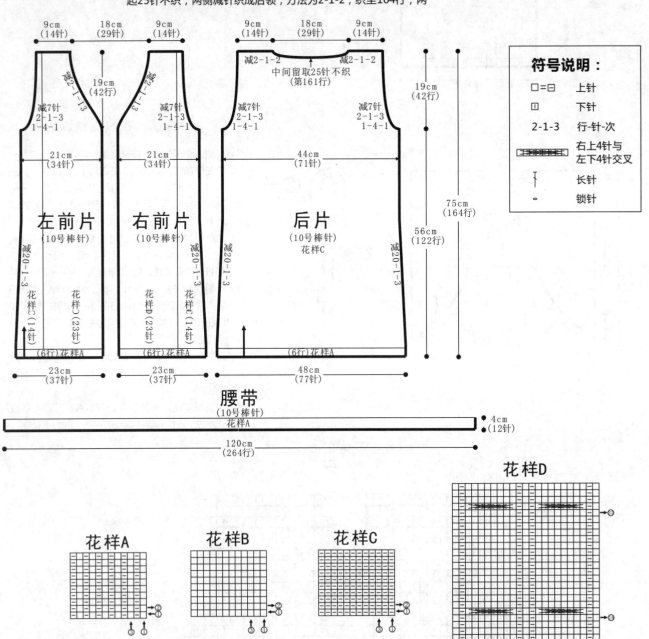

符号说明：

□=回	上针
□	下针
2-1-3	行-针-次
	右上4针与左下4针交叉
	长针
	锁针

138

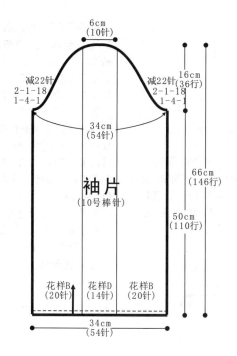

6cm
(10针)

减22针
2-1-18
1-4-1

16cm
(36行)

减22针
2-1-18
1-4-1

34cm
(54针)

袖片
(10号棒针)

66cm
(146行)

50cm
(110行)

花样B
(20针)

花样D
(14针)

花样B
(20针)

34cm
(54针)

袖片制作说明

1. 棒针编织法，编织两片袖片。从袖口起织。
2. 起54针，织花样B，织8行后，与起针合并成双层袖口，中间穿入松紧带，然后继续往上编织，织花样B与花样D组合编织，组合方法如结构图所示，不加减针织至110行，两侧减针织成袖窿，方法为1-4-1、2-1-18，织至146行，余下10针，收针断线。
3. 同样的方法再编织另一袖片。
4. 缝合方法：将袖山对应前片与后片的袖窿线，用线缝合，再将两袖侧缝对应缝合。

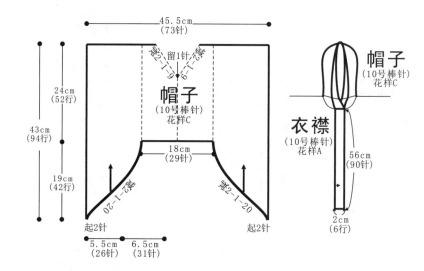

45.5cm
(73针)

减
2-1-9
留1针完成
6-1-7完成

帽子
(10号棒针)
花样C

24cm
(52行)

43cm
(94行)

18cm
(29针)

宽2-1-20

宽2-1-20

19cm
(42行)

起2针

起2针

5.5cm
(26针)

6.5cm
(31针)

帽子
(10号棒针)
花样C

衣襟
(10号棒针)
花样A

56cm
(90针)

2cm
(6行)

帽子、衣襟制作说明

1. 编织帽子外层，棒针编织，起2针，一边织一边左侧加针，方法为2-1-20，加至22针，共织42行，同样的方法，相反方向编织帽子的另一侧织片，完成后，将两片连起来编织，中间加针29针，织片共73针。不加减针往上织至76行，然后织片中间一针继续往上编织，两侧减针编织，方法为2-1-9，织至94行后，织片共余下45针，收针断线。将帽顶缝合。
2. 编织帽子里层。起138针，织花样A，织6行后，收针。改为钩针钩织花样E，详细方法见花样E图解。完成后将两层帽子的领口同时与衣身领口缝合。
3. 挑织衣襟，沿左右前片衣襟边及帽边分别挑针起织，挑起170针，织花样A，织6行后收针断线。
4. 编织饰花。起30针，织花样A，织10行后收针断线，将织片卷曲成玫瑰花状，缝合于帽侧。

花样E
帽子

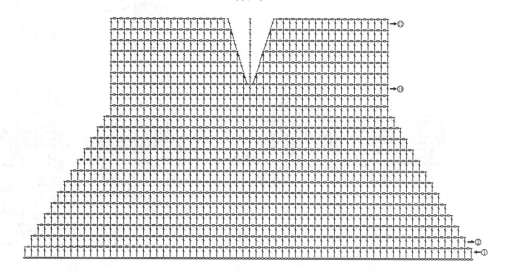

大气翻领长毛衣

【成品规格】衣长75cm，下摆宽48cm，袖长66cm
【工　　具】10号棒针
【编织密度】16针×22行=10cm²
【材　　料】杏色棉线700g

前片、后片制作说明

1. 棒针编织法，衣身分为左前片、右前片和后片分别编织而成。
2. 起织后片，起77针，织花样A、织6行后改织花样B，两侧一边织一边减针，方法为20-1-3，减针后不加减针织至122行，两侧同时减针织成袖隆，减针方法为1-4-1、2-1-3，两侧针数各减少7针，余下针继续编织，两侧不再加减针，织至第161行时，中间

留起25针不织，两侧减针织成后领，方法为2-1-2，织至164行，两肩部各余下14针，收针断线。
3. 起织左前片，起37针织花样A，织6行后改织花样C与花样D组合编织，组合方法如结构图所示，左侧一边织一边减针，方法为20-1-3，减针后不加减针织至122行，左侧减针织成袖隆，方法为1-4-1、2-1-3，右侧减针织成前领，方法为2-1-13，余下针继续编织，两侧不再加减针，织至164行，肩部余下14针，收针断线。
4. 同样的方法相反方向编织右前片，完成后将两侧缝缝合，两肩部缝合。
5. 编织腰带。起12针，织花样A，织120cm的长度，收针断线。

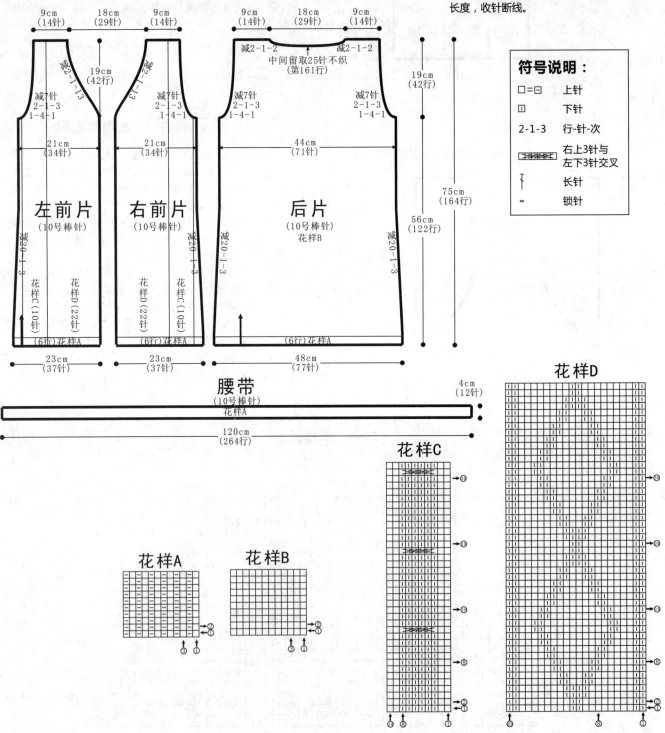

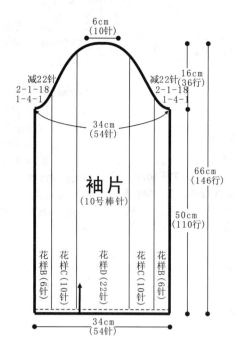

6cm
(10针)

16cm
(36行)

减22针
2-1-18
1-4-1

减22针
2-1-18
1-4-1

34cm
(54针)

66cm
(146行)

袖片
(10号棒针)

50cm
(110行)

花样B (6针)
花样C (10针)
花样D (22针)
花样C (10针)
花样B (6针)

34cm
(54针)

袖片制作说明

1. 棒针编织法，编织两片袖片。从袖口起织。
2. 起54针，织花样B，织8行后，与起针合并成双层袖口，中间穿入松紧带，然后继续往上编织花样B，花样C，花样D组合编织，不加减针织至织至110行，两侧减针织成袖隆，方法为1-4-1、2-1-18，织至146行，余下10针，收针断线。
3. 同样的方法再编织另一袖片。
4. 缝合方法：将袖山对应前片与后片的袖隆线，用线缝合，再将两袖侧缝对应缝合。

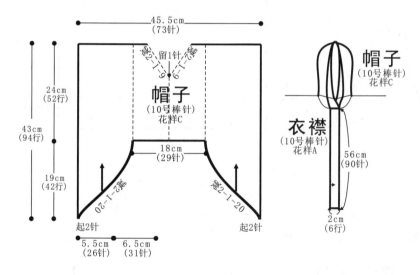

45.5cm
(73针)

24cm
(52行)

43cm
(94行)

减2-1-9
留1针不织
减2-1-9

帽子
(10号棒针)
花样C

19cm
(42行)

减2-1-20
减2-1-20

18cm
(29针)

起2针
起2针

5.5cm
(26针)
6.5cm
(31针)

帽子
(10号棒针)
花样C

衣襟
(10号棒针)
花样A

56cm
(90针)

2cm
(6行)

帽子、衣襟制作说明

1. 编织帽子外层，棒针编织，起2针，一边织一边左侧加针，方法为2-1-20，加至22针，共织42行，同样的方法，相反方向编织帽子的另一侧织片，完成后，将两片 连起来编织，中间加起29针，织片共73针。不加减针往上织至76行，然后织片中间一针继续往上编织，两侧减针编织，方法为2-1-9，织至94行后，织片共下45针，收针断线。将帽顶缝合。
2. 编织帽子里层。起138针，织花样A，织6行后，收针。改为钩针钩织花样E，详细方法见花样E图解。完成后将两层帽子的领口同时与衣身领口缝合。
3. 挑织衣襟，沿左右前片衣襟边及帽边分别挑针起织，挑起170针，织花样A，织6行后收针断线。
4. 编织饰花。起30针，织花样A，织10行后收针断线，将织片卷曲成玫瑰花状，缝合于帽侧。

花样E
帽子

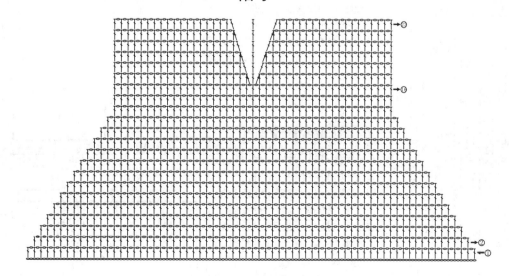

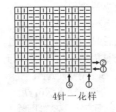

帅气小外套

【成品规格】衣长46cm，下摆宽42cm，袖长58cm
【工　　具】11号棒针
【编织密度】20针×28行=10cm²
【材　　料】灰色棉线450g

前片、后片制作说明

1. 棒针编织法，衣服分为左前片、右前片、后片来编织。
2. 起织后片，双罗纹针起针法，起84针，起织花样A，共织16行，改织花样B，织至76行，第77行起两侧同时减针织成袖窿，减针方法为1-2-1，2-1-4，两侧针数各减少6针，余下针继续编织，两侧不再加减针，织至第127行时，中间留取28针不织，用防解别针扣

住，两端相反方向减针编织，各减少2针，方法为2-1-2，最后两肩部余下20针，收针断线。
3. 起织左前片，下针起针法，起18针，起织花样C，一边织一边右侧加针，方法为2-2-6、2-1-6，织至24行，不加减织往上织至60行，右侧减针织成前领，方法为4-1-10，同时左侧减针织成袖窿，方法为1-2-1、2-1-4，织至130行时，最后肩部余下20针，收针断线。
4. 相同方法相反方向编织右前片。
5. 前片与后片的两侧缝对应缝合，两肩部对应缝合。

符号说明：

□	上针
□＝①	下针
2-1-3	行-针-次
⊠	左上2针并1针
⊡	镂空针
⊞⊞	右上2针与左下2针交叉

花样A（双罗纹）

4针一花样

花样B

花样C

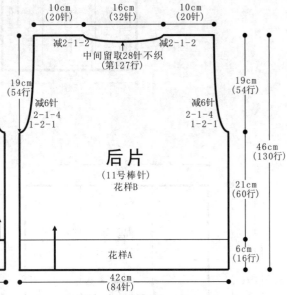

左前片（11号棒针）花样C
右前片（11号棒针）花样C
衣襟
衣襟
平36行
加18针 2-1-6 2-2-6
起18针
花样A

减6针 2-1-4 1-2-1
减4-1-10

后片（11号棒针）花样B
减2-1-2　减2-1-2
中间留取28针不织（第127行）
减6针 2-1-4 1-2-1
花样A

10cm（20针）　10cm（20针）　10cm（20针）　16cm（32针）　10cm（20针）
19cm（54行）　19cm（54行）　19cm（54行）
46cm（130行）　21cm（60行）　6cm（16行）
18cm（36针）　18cm（36针）　42cm（84针）

袖片制作说明

1. 棒针编织法，编织两片袖片。从袖口起织。
2. 起46针，织花样A，织28行后，改织花样B，一边织一边两侧加针，方法为8-1-11，织至118行，两侧减针织成袖窿，方法为1-2-1、2-1-22，织至162行，余下20针，收针断线。
3. 同样的方法再编织另一袖片。
4. 缝合方法：将袖山对应前片与后片的袖窿线，用线缝合，再将两袖侧缝对应缝合。

领片制作说明

1. 棒针编织法，沿后领挑针起织。
2. 挑起后领44针，织花样A，一边织一边在两侧前领挑加针，方法为2-3-14，织28行，第29行将左右衣襟及衣摆全部挑起共232针编织，两侧不再加减针，织至44行，收针断线。

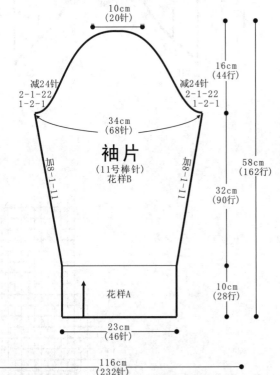

袖片（11号棒针）花样B
减24针 2-1-22 1-2-1　减24针 2-1-22 1-2-1
加8-1-11　加8-1-11
花样A

10cm（20针）
16cm（44行）
34cm（68针）
58cm（162行）
32cm（90行）
10cm（28行）
23cm（46针）

领片（11号棒针）
接衣襟　加2-3-14　接衣襟
接衣襟　26cm（52针）　接后领　26cm（52针）　接衣襟
116cm（232针）
24cm（44针）
16cm（44行）

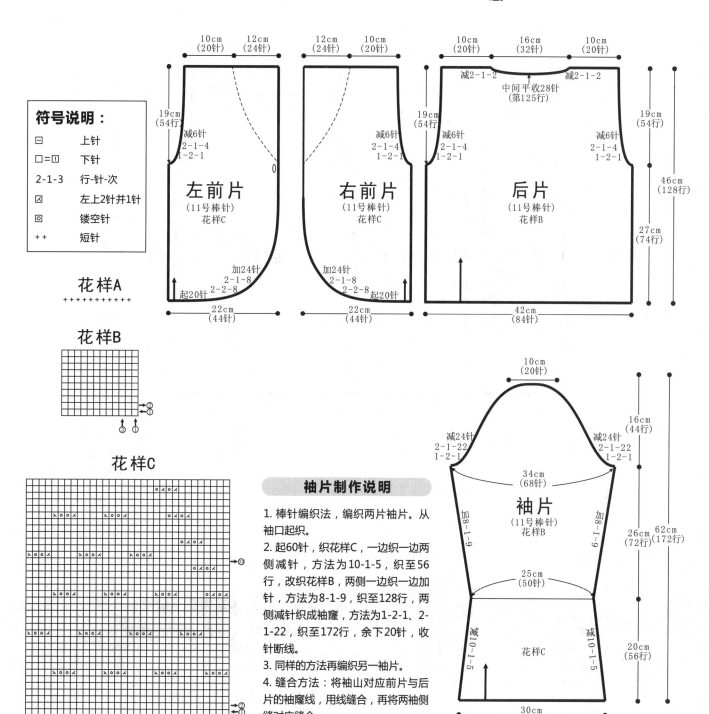

个性长袖开衫

【成品规格】衣长46cm，下摆宽42cm，袖长62cm

【工　　具】11号棒针，1.5mm钩针

【编织密度】20针×28行=10cm²

【材　　料】灰色棉线450g、纽扣1枚

前片、后片制作说明

1. 棒针编织法，衣服分为左前片、右前片、后片来编织。

2. 起织后片，下针起针法，起84针，起织花样B，共织74行，第75行两侧同时减针织成袖窿，减针方法为1-2-1、2-1-4，两侧针数各减少6针，余下针继续编织，两侧不再加减针，织至第125行时，中间平收28针，两端相反方向减针编织，各减少2针，方法为2-1-2，最后两肩部余下20针，收针断线。

3. 起织左前片，下针起针法，起20针，起织花样C，一边织一边右侧加针，方法为2-2-8、2-1-8，织至32针，不加减针往上织至70行，右侧第三针处留起一个扣眼，扣眼织4行，第75行起，左侧减针织成袖窿，方法为1-2-1、2-1-4，织至128行时，右侧平收24针，左侧肩部余下20针，收针断线。

4. 相同方法相反方向编织右前片。

5. 前片与后片的两侧缝对应缝合，两肩部对应缝合。

6. 沿衣领边及衣摆钩织一圈花样A作为花边。

符号说明：

□	上针
□=①	下针
2-1-3	行-针-次
☒	左上2针并1针
⊡	镂空针
++	短针

花样A

花样B

花样C

袖片制作说明

1. 棒针编织法，编织两片袖片。从袖口起织。

2. 起60针，织花样C，一边织一边两侧减针，方法为10-1-5，织至56行，改织花样B，两侧一边织一边加针，方法为8-1-9，织至128行，两侧减针织成袖窿，方法为1-2-1、2-1-22，织至172行，余下20针，收针断线。

3. 同样的方法再编织另一袖片。

4. 缝合方法：将袖山对应前片与后片的袖窿线，用线缝合，再将两袖侧缝对应缝合。

优雅长毛衣

【成品规格】衣长75cm，下摆宽48cm，袖长67cm

【工　　具】12号棒针

【编织密度】28针×36行=10cm²

【材　　料】灰色羊毛线700g

至270行，两肩部各余下25针，收针断线。

3. 起织左前片，双罗纹针起针法，起62针，起织花样D，织至42行，改为花样E与花样C组合编织，组合方法如结构图所示，左侧一边织一边减针，方法为20-1-4，减针后不加减织至202行，左侧减针织成袖隆，减针方法为1-4-1、2-1-8，共减少12针，余下针继续编织，两侧不再加减针，织至第228行时，右减减针织成前领，减2-1-21，织至270行，织片余下25针，收针断线。

4. 同样方法相反方向编织右前片。完成后将左右前片的侧缝分别与后片缝合，将左右肩部缝合。

前片、后片制作说明

1. 棒针编织法，衣身分为左前片、右前片、后片分别编织而成。

2. 起织后片，双罗纹针起针法，起134针，起织花样A，织至42行，改织花样B，两侧一边织一边减针，方法为20-1-4，减针后不加减织至202行，两侧同时减针织成袖隆，减针方法为1-4-1、2-1-8，两侧针数各减少12针，余下针继续编织，两侧不再加减针，织至第267行时，中间留起48针不织，两侧减针织成后领，方法为2-1-2，织

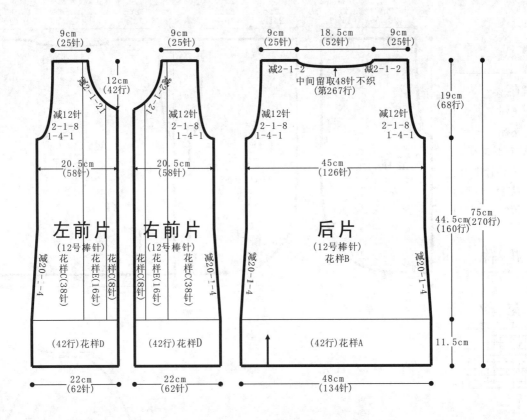

符号说明：

□=□	上针
□	下针
2-1-3	行-针-次
△	中上3针并1针
○	镂空针
	右上2针与左下2针交叉
	右上2针与左下1针交叉
	左上2针与右下1针交叉

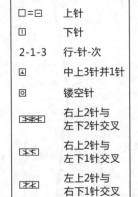

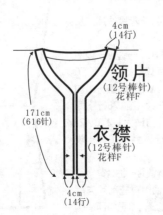

领片、衣襟制作说明

1. 棒针编织法，沿衣襟及衣领边挑针起织。

2. 起616针，织花样F，织14行后，收针断线。

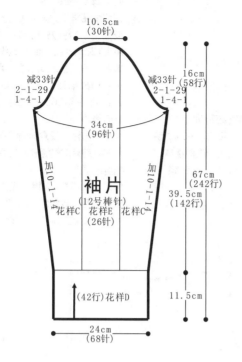

10.5cm
(30针)

减33针
2-1-29
1-4-1

16cm
(58行)

减33针
2-1-29
1-4-1

34cm
(96针)

加10-1-14
花样C

袖片
(12号棒针)
花样E
(26针)
花样C

加10-1-14

67cm
(242行)

39.5cm
(142行)

(42行)花样D

11.5cm

24cm
(68针)

袖片制作说明

1. 棒针编织法，编织两片袖片。从袖口起织。
2. 起68针，织花样D，织42行后，改织花样E与花样C组合编织，组合方法如结构图所示，一边织一边两侧加针，方法为10-1-14，织至184行，两侧减针织成袖窿，方法为1-4-1、2-1-29，织至242行，余下30针，收针断线。
3. 同样的方法再编织另一袖片。
4. 缝合方法：将袖山对应前片与后片的袖窿线，用线缝合，再将两袖侧缝对应缝合。

花样A

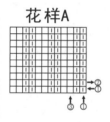

花样B

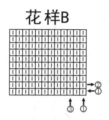

花样C

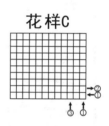

花样D

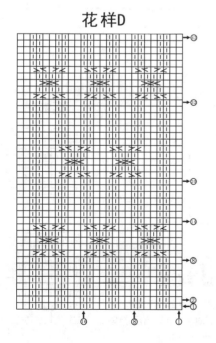

花样E

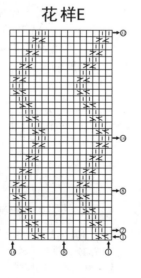

花样F

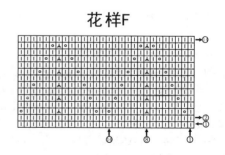

优雅配色长毛衣

【成品规格】衣长73cm，下摆宽48cm，袖长26cm

【工　　具】12号棒针

【编织密度】28针×36行=10cm²

【材　　料】黑色羊毛线150g，黑白花色羊毛线500g，纽扣5枚

前片、后片制作说明

1. 棒针编织法，衣身分为左前片、右前片、后片分别编织而成。

2. 起织后片，双罗纹针起针法，黑色线起134针，起织花样A，织36行，改为黑白花花色线织花样B，织至194行，两侧同时减针织成袖窿，减针方法为1-4-1、2-1-8，两侧针数各减少12针，余下针继续编织，两侧不再加减针，织至第259行时，中间留取46针不织，两侧减针织成后领，方法为2-1-2，织至262行，两肩部各余下25针，收针断线。

3. 起织左前片，双罗纹针起针法，黑色线起62针，起织花样A，织36行，改为黑白花线织花样B，织至194行，左侧减针织成袖窿，减针方法为1-4-1、2-1-8，共减少12针，余下针继续编织，两侧不再加减针，织至第226行时，第227行起右减减针织成前领，方法为1-6-1、2-2-5、2-1-4，织至262行，织片余下25针，收针断线。

4. 同样方法相反方向编织右前片。完成后将左右前片的侧缝分别与后片缝合，将左右肩部缝合。

5. 编织口袋片。黑色线起44针织花样A，织26行后，收针断线。将织片缝合于左前片图示位置。同样方法编织右口袋片。

符号说明：

□	上针
□=回	下针
2-1-3	行-针-次

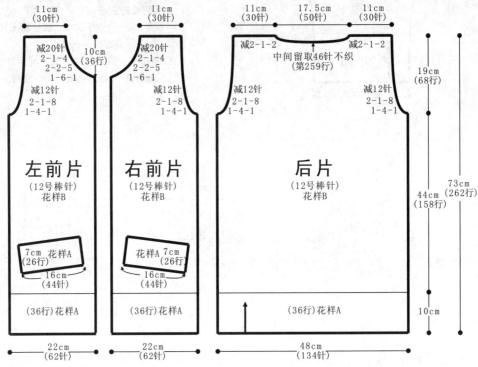

11cm
（30针）

11cm
（30针）

11cm
（30针）

17.5cm
（50针）

11cm
（30针）

减20针
2-1-4
2-2-5
1-6-1

10cm
（36行）

减20针
2-1-4
2-2-5
1-6-1

减2-1-2

中间留取46针不织
（第259行）

减2-1-2

19cm
（68行）

减12针
2-1-8
1-4-1

减12针
2-1-8
1-4-1

减12针
2-1-8
1-4-1

减12针
2-1-8
1-4-1

左前片
（12号棒针）
花样B

右前片
（12号棒针）
花样B

后片
（12号棒针）
花样B

73cm
（262行）

44cm
（158行）

7cm 花样A
（26行）

花样A 7cm
（26行）

16cm
（44针）

16cm
（44针）

10cm

（36行）花样A

（36行）花样A

（36行）花样A

22cm
（62针）

22cm
（62针）

48cm
（134针）

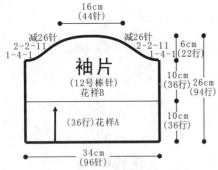

16cm
（44针）

减26针
2-2-11
1-4-1

减26针
2-2-11
1-4-1

6cm
（22行）

袖片
（12号棒针）
花样B

10cm
（36行）

26cm
（94行）

（36行）花样A

10cm
（36行）

34cm
（96针）

袖片制作说明

1. 棒针编织法，编织两片袖片。从袖口起织。

2. 黑色线起96针，织花样A，织36行后，改为黑白花线织花样B，不加减针织至72行，两侧减针织成袖窿，方法为1-4-1、2-2-11，织至94行，余下44针，收针断线。

3. 同样的方法再编织另一片袖片。

4. 缝合方法：将袖山对应前片与后片的袖窿线，用线缝合，再将两袖侧缝对应缝合。

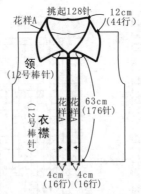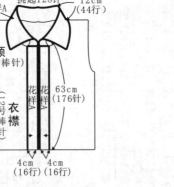

花样A

挑起128针

12cm
（44针）

领
（12号棒针）

花样A

花样B

衣襟
（12号棒针）

63cm
（176针）

4cm
（16行）

4cm
（16行）

领片、衣襟制作说明

1. 棒针编织法，先挑织衣襟。黑色线沿左右前片衣襟边分别挑起176针，织花样A，织16行后，收针断线。注意左侧衣襟均匀留起5个扣眼。

2. 编织衣领，沿领口及衣襟上边沿挑针起织，黑色线挑起128针织花样A，织44行后，收针断线。

花样A

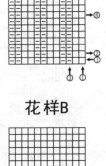

花样B

个性修身长大衣

【成品规格】衣长75cm，下摆宽48cm，帽长27cm
【工　　具】12号棒针
【编织密度】28针×36行=10cm²
【材　　料】蓝色羊毛线700g

前片、后片、帽子制作说明

1. 棒针编织法，衣身分为左前片、右前片、后片分别编织而成。

2. 起织后片，双罗纹针起针法，起134针，起织花样A，织至30行，改织花样B，两侧一边织一边减针，方法为20-1-4，减针后不加减针织至202行，两侧同时减针织成袖窿，减针方法为1-4-1、2-1-8，两侧针数各减少12针，余下针继续编织，两侧不再加减针，织至第270行时，两侧各收25针，中间52针用防解别针扣住，留待编织帽子。

3. 起织左前片，双罗纹针起针法，起62针，起织花样A，织至30行，改为花样B与花样C组合编织，组合方法如结构图所示，左侧一边织一边减针，方法为20-1-4，减针后不加减针织至202行，左侧减针织成袖窿，减针方法为1-4-1，2-1-8，共减少12针，余下针继续编织，两侧不再加减针，织至第270行时，左侧收25针，右侧21针用防解别针扣住，留待编织帽子。

4. 同样方法相反方向编织右前片。完成后将左右前片的侧缝分别与后片缝合，将左右肩部缝合。

5. 沿左右前片及后片领口挑针编织帽子，起94针织花样B，织98行后，收针，将帽顶对称缝合。

符号说明：

□	上针
□=□	下针
2-1-3	行-针-次
▨▨▨	右上3针与左下3针交叉
▨▨	右上3针与左下1针交叉
▨▨	左上3针与右下1针交叉

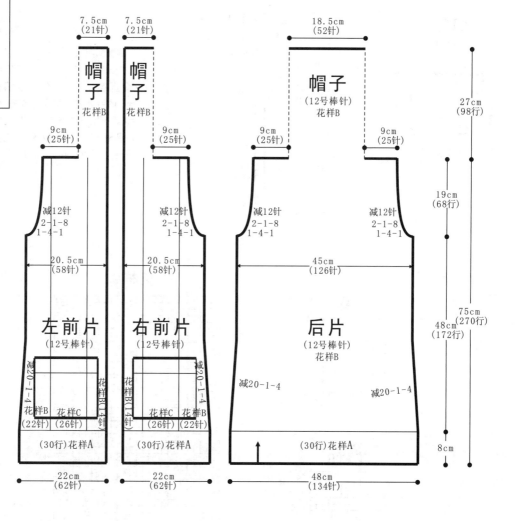

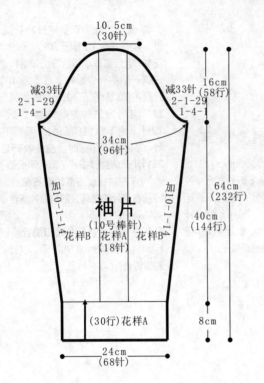

10.5cm
(30针)

16cm
(58行)

减33针
2-1-29
1-4-1

减33针
2-1-29
1-4-1

34cm
(96针)

64cm
(232行)

加10-1-14

加10-1-14

袖片
(10号棒针)

花样B　花样A　花样B
(18针)

40cm
(144行)

8cm

(30行)花样A

24cm
(68针)

袖片制作说明

1. 棒针编织法，编织两片袖片。从袖口起织。
2. 起68针，织花样A，织30行后，改织花样
A与花样B组合编织，组合方法如结构图所示，
一边织一边两侧加针，方法为10-1-14，织至
174行，两侧减针织成袖窿，方法为1-4-1，2-
1-29，织至32行，余下30针，收针断线。
3. 同样的方法再编织另一袖片。
4. 缝合方法：将袖山对应前片与后片的袖窿
线，用线缝合，再将两袖侧缝对应缝合。

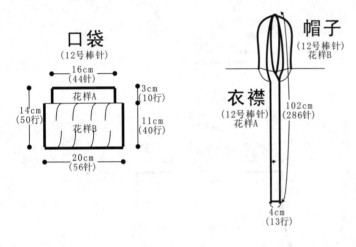

口袋
(12号棒针)

16cm
(44针)

3cm
(10行)

花样A

14cm
(50行)

花样B

11cm
(40行)

20cm
(56针)

帽子
(12号棒针)
花样B

衣襟
(12号棒针)
花样A

102cm
(286针)

4cm
(13行)

口袋、衣襟制作说明

1. 棒针编织法，编织两片袋片。
2. 起56针织花样B，织40行后，将织片折成
4个折皱，变成44针，改织花样A，织至50
行，收针断线。同样的方法编织另一口袋片，
完成后缝合于左右前片下摆位置。
3. 沿左右前片衣襟及帽侧分别挑织衣襟，挑起
286针，织花样A，织14行后，收针断线。

花样C

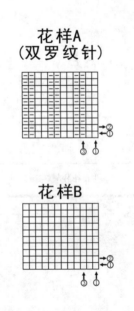

花样A
(双罗纹针)

花样B

花样C

148

独特半袖长衫

【成品规格】衣长78cm，袖长14cm，下摆宽57cm
【工　　具】8号棒针
【编织密度】9.5针×15.38行=10cm²
【材　　料】浅棕色圆棉线700g，大扣子5枚

前片、后片制作说明

1. 棒针编织法，毛线较粗，用8号棒针。由左前片、右前片、后片组成，从下往上编织。

2. 前片的编织。由右前片和左前片组成，以右前片为例。

① 起针，下针起针法，起29针，编织上针，不加减针，织6行的高度。

② 袖隆以下的编织。第7行起，按花样A分配，左边4针继续编织上针，第5针与第6针始终编织下针，从第7针起，依照花样A中的花a进行编织，花a是由4行下针和2行狗牙针组成，往上是重复这层花a，在编织过程，右前片的右侧侧缝进行加减针变化，左侧衣襟边不进行加减针。右侧缝加减针的方法是，先织10行减1针，减1次，每织6行减1针，减7次。然后每织6行加1针加3次，然后不加减针再织12行的高度，织成82行的高度，至袖隆。左前片的加减针是左侧缝，右侧衣襟不加减针。

③ 袖隆以上的编织。右前片的右边侧缝进行袖隆减针，每织4行减1针，减4次。左边衣襟继续编织成20行时，下一行开始领边减针，从左向右，将4针上针收针掉，然后再将2针下针收针，然后每织2行减1针，减4次，不加减针再织4行，织成12行的高度，余下10针，收针断线。

④ 相同的方法去编织左前片。

3. 后片的编织。下针起针法，起54针，编织上针，不加减针，织6行的高度。然后第7行起，全织花a，两侧缝进行加减针变化，先是织10行减1针，减1次，然后每织6行减1针，减7次，每织6行加1针，加3次，不加减针再织12行后，至袖隆，然后袖隆起减针，方法与前片相同。当衣服织至第117行时，中间将12针收针收掉，两边相反方向减针，每织2行减1针，减2次，织成后领边，两肩部余下10针，收针断线。

4. 拼接。将前后片的肩部对应缝合，将两侧缝对应缝合。最后依照花样B分别制作两个口袋，将其中三边与两前片缝合。

符号说明：

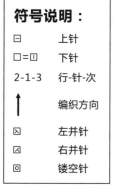

□	上针
□=回	下针
2-1-3	行-针-次
↑	编织方向
⊠	左并针
⊡	右并针
⊡	镂空针

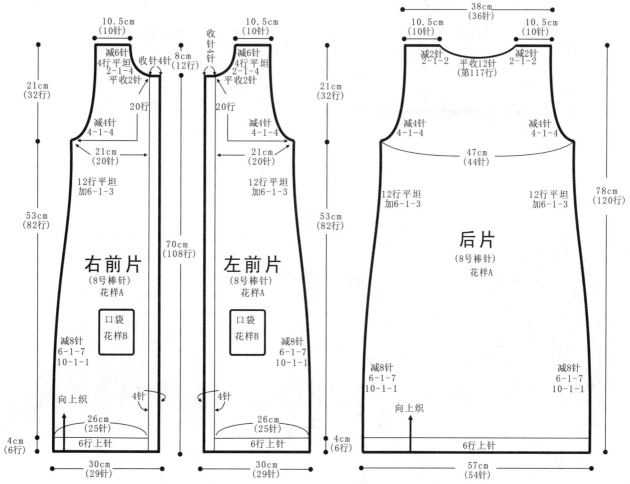

袖片 (8号棒针)

余8针

减2-1-10　　花样A　　减2-1-10　14cm
(22行)

2行上针
花样E

29.5cm
(28针)

帽片 (10号棒针)

16cm
(15针)　　　　　　16cm
(15针)

减2-1-6　　减2-1-6

39cm
(60行)

48行

44cm
(42针)

花样A

衣襟上针

一层花a

衣摆上针

花样B
(口袋图解)

花样C
(袖片图解)

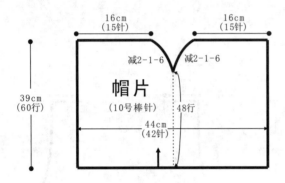

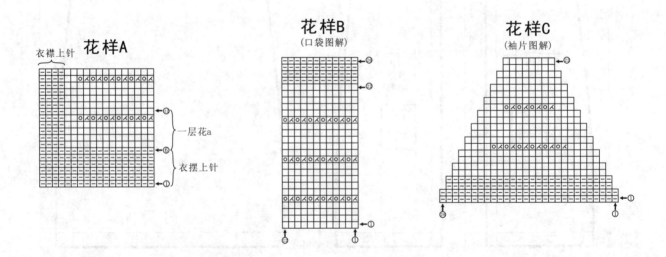

典雅翻领开衫

【成品规格】衣长80cm，袖长48cm，下摆宽62cm
【工　　具】10号棒针
【编织密度】22针×24.75行=10cm²
【材　　料】棕色腈纶线800g

前片、后片制作说明

1. 棒针编织法，用10号棒针。由左前片、右前片、后片组成，从下往上编织。

2. 前片的编织。由右前片和左前片组成，以右前片为例。

① 起针，单罗纹起针法，起56针，编织花样A双罗纹针，不加减针，织4行的高度。

② 袖窿以下的编织。第5行起，左侧算起20针，织下针。第21针至第36针，编织花样B棒绞花样，余下的针数全织下针，往上依照这个花样分配编织不变。右侧侧缝进行加减针变化，左侧衣襟边不进行加减针。右侧缝加减针的方法是，先织30行减1针，减4次，然后不加减针织2行的高度时，织成122行的高度，至袖窿。左前片的加减针是左侧缝，右侧衣襟不加减针。

③ 袖窿以上的编织。右前片的右边侧缝进行袖窿减针，先每织4行减2针，减2次，然后每织6行减2针，减2次。左边衣襟继续编织成36行时，下一行开始领边加针，从左向右，一次性将10针收针，接着领边减针，每织6行减2针，减5次，不加减针再织6行后，至肩部，余下24针，收针断线。

④ 扣眼的编织。本款衣服的扣眼较大，是竖向扣眼，只有右前片需要制作4个扣眼。当织片织至52行时，从左算起，取3针单独编织，全织下针，织6行的高度，再另取线，将第4针至最尾1针单独编织，织6行的高度，最后将2片的针数连接成1片继续编织。再织25行时，重复一次前面的织法，再制作1个扣眼，完成4个扣眼后。

⑤ 相同的方法去编织左前片。左前片不制作扣眼，在右前片扣眼相对应的位置，钉上4个大扣子。

3. 后片的编织。单罗纹起针法，起136针，编织花样A单罗纹针，不加减针，织4行的高度。然后第5行起，全织下针，两侧缝进行加减针变化，织30行减1针，减4次，不加减针再织2行，至袖窿，然后袖窿起减针，方法与前片相同。当衣服织至第191行时，中间将52针收针收掉，两边相反方向减针，每织2行减2针，减2次，每织2行减1针，减2次，织成后领边，两肩部余下24针，收针断线。

4. 拼接。将前后片的肩部对应缝合，将两侧缝对应缝合。

符号说明：

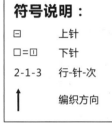

□	上针
□=□	下针
2-1-3	行-针-次
↑	编织方向

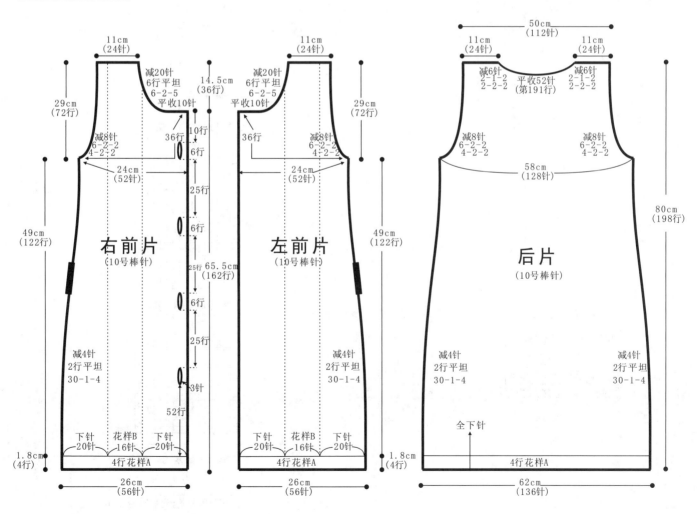

151

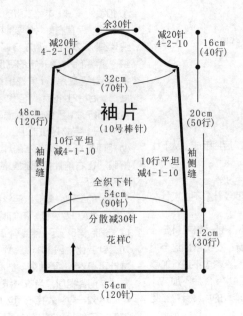

余30针
减20针
4-2-10
减20针
4-2-10
16cm
(40行)
32cm
(70针)

袖片
(10号棒针)

48cm
(120行)

袖侧缝

10行平坦
减4-1-10

20cm
(50行)

袖侧缝

10行平坦
减4-1-10

全织下针
54cm
(90针)

分散减30针

花样C

12cm
(30行)

54cm
(120针)

袖片制作说明

1. 棒针编织法，中长袖。从袖口起织。袖山收圆肩。

2. 起针，双罗纹起针法，用10号棒针起织，起120针，来回编织。

3. 袖口的编织，起针后，编织花样C双罗纹针，无加减针编织30行的高度后，在最后一行里，将2针上针并为1针，织片余下90针，进入下一步袖身的编织。

4. 袖身的编织，从第31行，全织下针，两袖侧缝减针，每织4行减1针，减10次，不加减再织10行后，行数织成50行，完成袖身的编织。

5. 袖山的编织，两边减针编织，减针方法为，两边每织4行减2针，减10次，余下30针，收针断线。以相同的方法，再编织另一只袖片。

6. 缝合，将袖片的袖山边与衣身的袖窿边对应缝合。将袖侧缝缝合。

领片制作说明

1. 棒针编织法，用10号棒针，先编织领片，再编织领边门襟。

2. 衣襟平收针10针的位置不挑针，沿余下的领边挑针起织，挑120针，起织花样C双罗纹针，不加减针织50行的高度后，收针断线。

3. 再沿着衣领侧边，沿结构图中箭头方向编织，同样编织花样C双罗纹针，不加减针织14行的高度后，收针断线，相同的方法编织另一侧边。

花样C
40针
花样C
花样C
20cm
(50行)
20cm
(46针)
领边门襟
40针
40针
14行
14行

领片
(10号棒针)

花样B

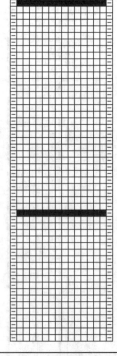

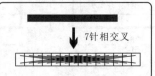

7针相交叉

花样A(单罗纹)

2针一花样

花样C(双罗纹)

4针一花样

独特长毛衣

【成品规格】衣长71cm，袖长67cm，下摆宽45cm
【工　　具】10号棒针
【编织密度】18针×211行=10cm²
【材　　料】深褐色和灰色腈纶线各400g

前片、后片制作说明

1. 棒针编织法，由前片1片、后片1片、下摆片1片组成。织法特殊，横向编织。从右侧缝起织至左侧缝收针。

2. 前片的编织。一片织成。起针，下针起针法，用深褐色线起织，正面全织下针，返回全织上针，右端，即下摆边始终无加减针变化，左端进行袖隆加针，衣领减针再加针，袖隆减针的变化，起针后，不加减针织4行后，开始袖隆加针，每织2行加4针，加4次，下一行，一次性加出16针，织片共94针，不加减针织24行后，开始衣领减针，从左往右，将10针收针，然后每织1行减2针，减11次，不加减再织2行后，进行衣领加针，每织

1行加2针，加11次，然后一次性加针，加10针，织片的针数再回到总共94针，这样不加减针再织24行后，开始袖隆减针，先收针16针，然后每织2行减4针，减4次，最后不加减针再织4行后，收针断线，前片完成。配色编织方法参照花样A。

3. 后片的编织。后片的织法与前片完全相同，但后片无衣领加减针变化，当袖隆加针后，不加减针织73行后，就进行袖隆减针。

4. 拼接，将前片的侧缝与后片的侧缝对应缝合，将前后片的肩部对应缝合。

5. 下摆片的编织，完成拼接后，沿着下摆边缘挑针，用深褐色线编织，挑出216针，编织花样B双罗纹针，不加减针织40行的高度后，收针断线。衣身完成。

符号说明：

⊟	上针
□=⊡	下针
2-1-3	行-针-次
↑	编织方向

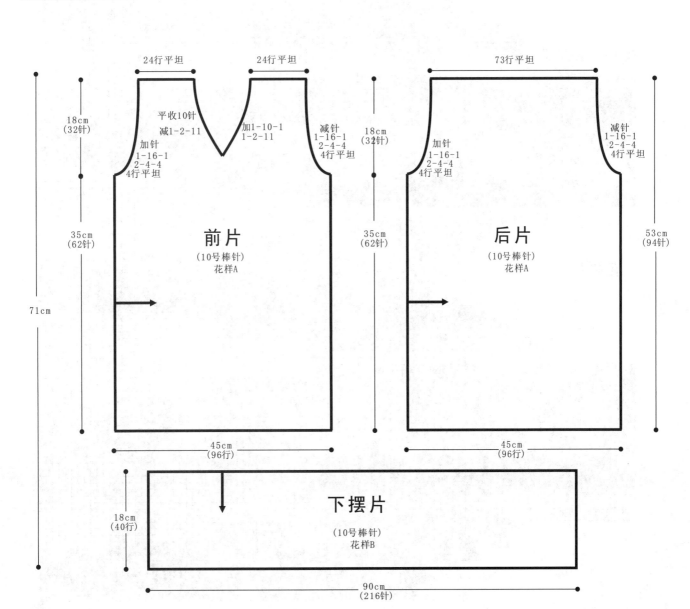

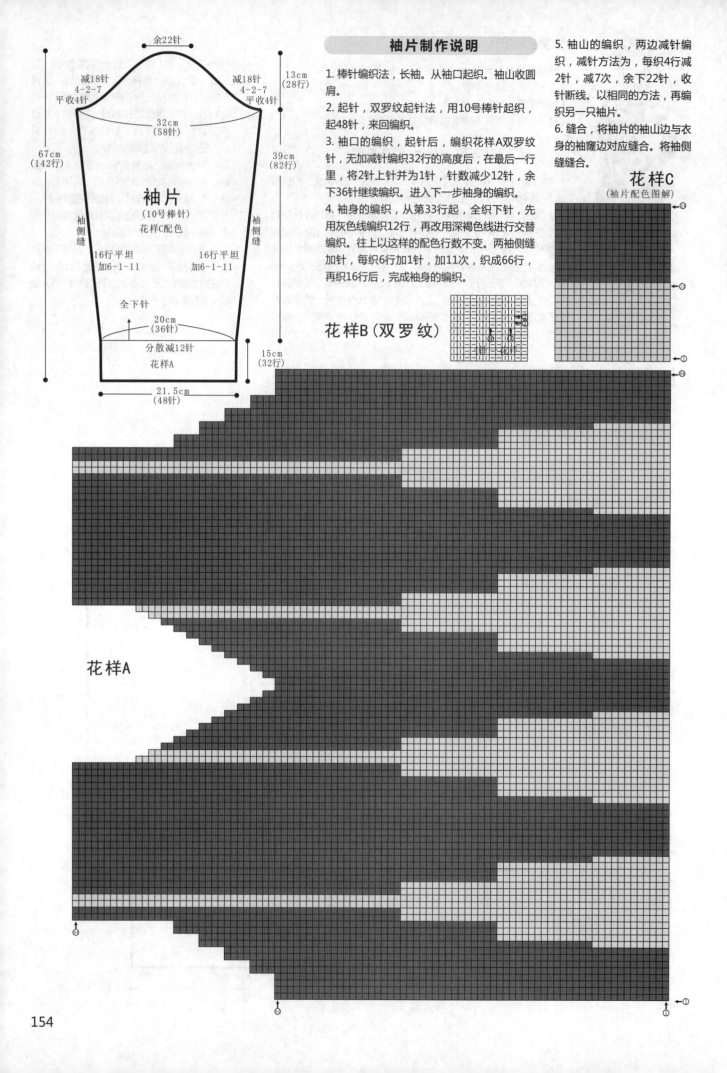

袖片制作说明

1. 棒针编织法，长袖。从袖口起织。袖山收圆肩。

2. 起针，双罗纹起针法，用10号棒针起织，起48针，来回编织。

3. 袖口的编织，起针后，编织花样A双罗纹针，无加减针编织32行的高度后，在最后一行里，将2针上并为1针，针数减少12针，余下36针继续编织。进入下一步袖身的编织。

4. 袖身的编织，从第33行起，全织下针，先用灰色线编织12行，再改用深褐色线进行交替编织。往上以这样的配色行数不变。两袖侧缝加针，每织6行加1针，加11次，织成66行，再织16行后，完成袖身的编织。

5. 袖山的编织，两边减针编织，减针方法为，每织4行减2针，减7次，余下22针，收针断线。以相同的方法，再编织另一只袖片。

6. 缝合，将袖片的袖山边与衣身的袖窿边对应缝合。将袖侧缝缝合。

袖片
（10号棒针）
花样C配色

余22针

减18针 4-2-7 平收4针

减18针 4-2-7 平收4针

32cm（58针）

13cm（28行）

67cm（142行）

39cm（82行）

袖侧缝

袖侧缝

16行平坦 加6-1-11

16行平坦 加6-1-11

全下针

20cm（36针）

分散减12针 花样A

15cm（32行）

21.5cm（48针）

花样B（双罗纹）

花样C
（袖片配色图解）

花样A

无袖休闲针织衫

【成品规格】衣长78.5cm，无袖，下摆宽50cm

【工　　具】9号棒针

【编织密度】上针密度：11针×18行=10cm²；
　　　　　　下针密度：13.6针×22行=10cm²

【材　　料】浅棕色腈纶线750g，暗扣4枚

前片、后片制作说明

1. 棒针编织法，用10号棒针。由左前片、右前片、后片组成，从下往上编织。

2. 前片的编织。由右前片和左前片组成，每个前片由下衣摆片和上胸片组成，分别编织，再缝合一起。以右前片为例。

① 起针，单罗纹起针法，起44针，编织花样A单罗纹针，不加减针，织4行的高度。

② 衣身下摆片的编织。第5行起，分配成花样B进行花样编织，不加减织84行，开始在菱形花样中进行减针，依照图解减针，织成118行，针数减少10针，余下34针，收针断线。相同的方法去编织左前片下衣摆片。

③ 上胸片的编织。下针起针法，起28针，正面全织上针，返回织下针，不加减针织4行后，开始袖窿减针，右边侧缝进行袖窿减针，先平收2针，然后每织2行减1针，减4次。减少6针，左边衣襟继续编织成12行时，下一行开始领边减针，

从左向右，将4针收针掉，然后每织2行减2针，减2次，再每织4行减1针，减4次，不加减再织4行的高度，余下10针，收针断线。相同的方法去编织左边的上胸片。

④ 缝合，将上胸片的下摆与衣身下摆片的上侧边，缝合一起。

⑤ 相同的方法去编织左前片。

3. 后片的编织。后片同样由上胸片与下摆片组成，各自编织。单罗纹起针法，起68针，编织花样A单罗纹针，不加减针，织4行的高度。第5行起，全织下针，不加减针，织成118行的高度，在最后一行里，分两个地方，进行收褶，每处收缩减少6针，一行内减少12针，织片针数余下56针，全部收针断线。上胸片的编织，下针起针法，起46针，正面全织上针，返回全织下针，不加减针织4行后，开始袖窿减针，两边各收针2针，然后每织2行减1针，减4次，然后不加减针织26行后，开始领边减针，在下一行的中间，将12针收针掉，两边相反方向减针，每织2行减1针，减1次，两边肩部余下10针，收针断线。将上胸片的下侧边与下摆片的上侧边对应缝合。完成后片。

4. 拼接。将前后片的肩部对应缝合，将两侧缝对应缝合。

符号说明：

符号	说明
□	上针
□=□	下针
2-1-3	行-针-次
↑	编织方向
右上2针与左下1针上针交叉	右上2针与左下1针上针交叉
右上2针与左下2针交叉	右上2针与左下2针交叉
+	短针
┃	长针
∞	锁针

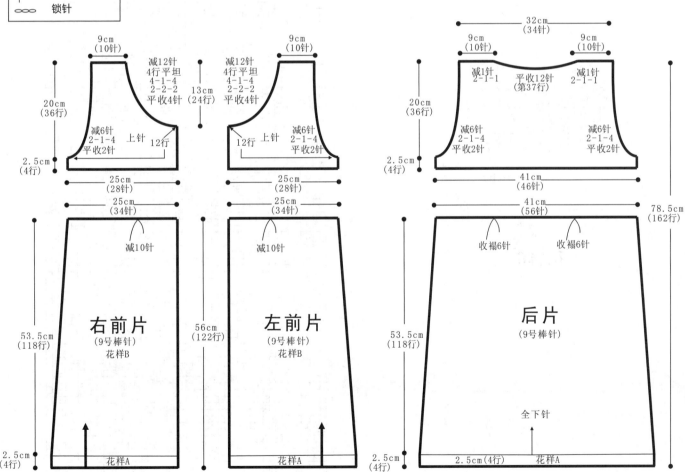

右前片

9cm（10针）

减12针
4行平坦
4-1-4
2-2-2
平收4针（24行）

13cm（24行）

20cm（36行）

减6针
2-1-4
平收2针　上针　12行

2.5cm（4行）

25cm（28针）

25cm（34针）

减10针

右前片
（9号棒针）
花样B

53.5cm（118行）

56cm（122行）

2.5cm（4行）　花样A

32cm（44针）

左前片

9cm（10针）

减12针
4行平坦
4-1-4
2-2-2
平收4针

减6针
2-1-4
平收2针　上针　12行

25cm（28针）

25cm（34针）

减10针

左前片
（9号棒针）
花样B

花样A

32cm（44针）

后片

32cm（34针）

9cm（10针）　　9cm（10针）

减1针
2-1-1　平收12针（第37行）　减1针
2-1-1

20cm（36行）

减6针
2-1-4
平收2针　　　减6针
2-1-4
平收2针

2.5cm（4行）

41cm（46针）

41cm（56针）

收褶6针　　收褶6针

后片
（9号棒针）

78.5cm（162行）

53.5cm（118行）

全下针

2.5cm（4行）　花样A

2.5cm（4行）

50cm（68针）

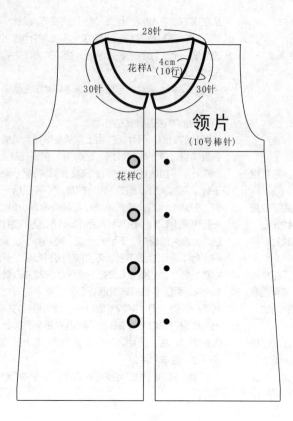

领片
（10号棒针）

花样C

领片、衣襟制作说明

1. 棒针编织法，用10号棒针，编织衣领。

2. 领片的编织，沿着前后领边，挑出88针，起织花样A单罗纹针，不加减针织10行的高度后，收针断线。用钩针，钩织4个扣眼，图解见花样C，钉在下摆片的右衣襟侧，在内侧与左衣襟上，钉上暗扣。

花样B

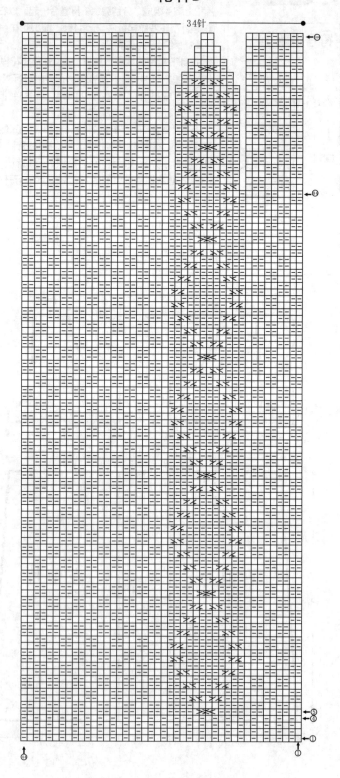

花样A（单罗纹）

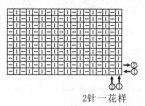

2针一花样

花样C

清雅短袖针织衫

【成品规格】衣长72cm，胸宽60cm，袖长35cm
【工　　具】8号棒针
【编织密度】14针×20行=10cm²
【材　　料】灰色纯棉线800g，大扣子6枚

前片、后片、袖片制作说明

1. 棒针编织法，用8号棒针。由左前片、右前片、后片和2个袖片组成，从下往上编织。

2. 前片的编织。由右前片和左前片组成，以右前片为例。

① 起针，单罗纹起针法，起52针，编织花样A单元宝针，不加减针，织46行的高度。开始制作第1组扣眼，从左向右，织完4针后，即返回重复编织这4针，共6行。然后再用线编织接下来的15针，来回编织这15针，织6行的高度，15针与4针之间形成的孔即为第1个扣眼，将这15针与4针放到同一根棒针上，将15针上的线继续编织余下的针数，也是重复编织余下的针数，织6行，最后所有的52针都在同一水平面上，即当作一行继续往上编织花样A单元宝针，不加减针织24行时，相同的方法制作第2组扣眼，然后继续编织，当织成84行时，至袖隆。

② 袖隆以上的编织。袖隆减针，每织2行减1针，减24次，当行数织成32行时，从左向右，将20针收针，然后每织2行减1针，减8次，余下1针，收针断线。

③ 相同的方法去编织左前片。

3. 后片的编织。单罗纹起针法，起84针，编织花样A单元宝针，不加减针，织84行的高度。至袖隆，然后袖隆起减针，方法与前片相同。当衣服织48行时，余下36针，全部收针断线。

4. 袖片的编织。单罗纹起针法，起64针，编织花样A单元宝针，不加减针织22行的高度后，开始袖山减针编织，两边每织2行减1针，减24次，织成48行后，余下16针，收针断线，相同的方法去编织另一袖片。

5. 拼接。将前后片的插肩缝与袖片的插肩缝缝合，将前后片的侧缝对应缝合，将两袖片的侧缝缝合。在右前片扣眼对应的左前片位置上钉上扣子。

符号说明：

符号	说明
□	上针
□=①	下针
2-1-3	行-针-次
↑	编织方向
①	滑针

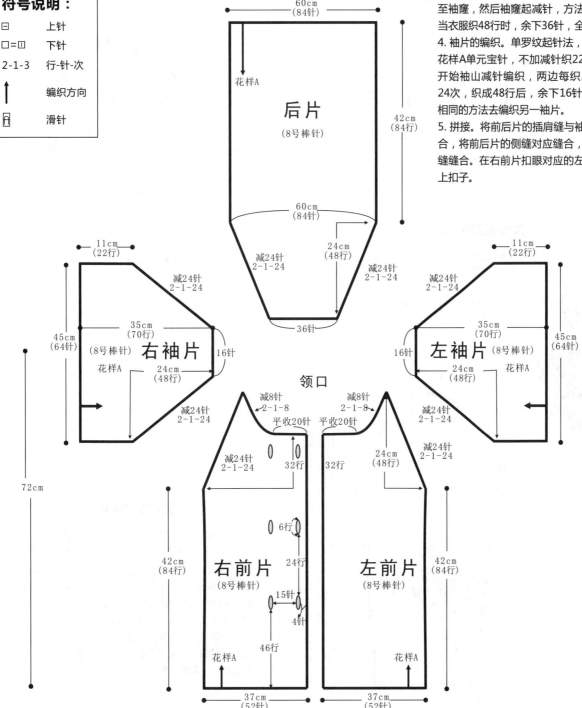

157

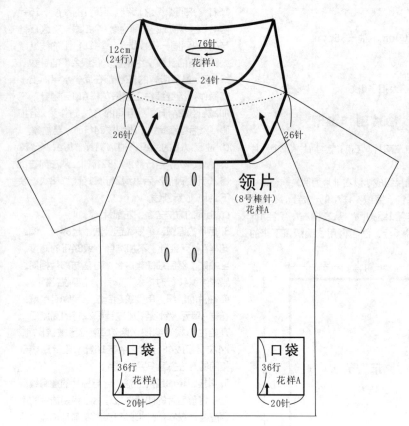

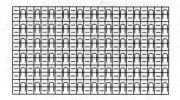

领片
(8号棒针)
花样A

口袋
36行
花样A
20针

领片、口袋制作说明

1. 棒针编织法，用10号棒针。

2. 领片的编织，沿着前后衣领边，前衣襟20针收针的宽度不挑针。挑出76针，来回编织，编织花样A单元宝针，不加减针织24行的高度后，收针断线。

3. 编织2个口袋，单罗纹起针法，起20针，起织花样A单元宝针，不加减针织36行的高度，收针断线，将其中三边缝合于前片衣摆上边，相同的方法，再制作另一个口袋，缝于另一前片相同的位置上。

花样A

端庄连帽毛衣

【成品规格】衣长75cm，下摆宽48cm，帽长27cm
【工　　具】12号棒针
【编织密度】28针×36行＝10cm²
【材　　料】咖啡色羊毛线700g，纽扣6枚

符号说明：

☐	上针
□=☐	下针
2-1-3	行-针-次

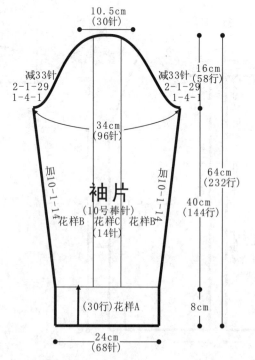

袖片制作说明

1. 棒针编织法，编织两片袖片。从袖口起织。

2. 起68针，织花样A，织30行后，改织花样C与花样B组合编织，组合方法如结构图所示，一边织一边两侧加针，方法为10-1-14，织至174行，两侧减针织成袖窿，方法为1-4-1、2-1-29，织至32行，余下30针，收针断线。

3. 同样的方法再编织另一袖片。

4. 缝合方法：将袖山对应前片与后片的袖窿线，用线缝合，再将两袖侧缝对应缝合。

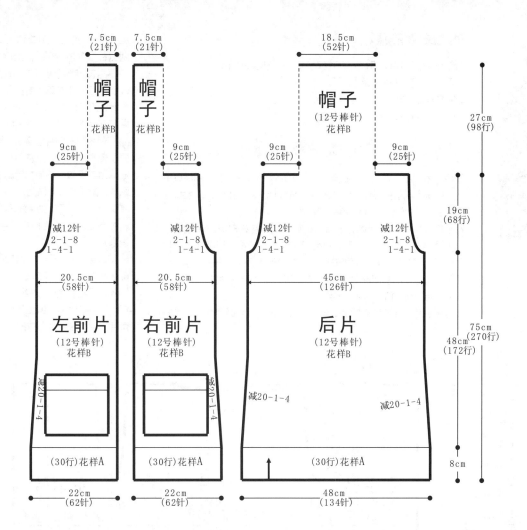

左前片
(12号棒针)
花样B

7.5cm
(21针)

帽子
花样B

9cm
(25针)

减12针
2-1-8
1-4-1

20.5cm
(58针)

减20-1-4

(30行)花样A

22cm
(62针)

右前片
(12号棒针)
花样B

7.5cm
(21针)

帽子
花样B

9cm
(25针)

减12针
2-1-8
1-4-1

20.5cm
(58针)

减20-1-4

(30行)花样A

22cm
(62针)

后片
(12号棒针)
花样B

18.5cm
(52针)

帽子
(12号棒针)
花样B

9cm
(25针)

9cm
(25针)

减12针
2-1-8
1-4-1

减12针
2-1-8
1-4-1

45cm
(126针)

减20-1-4

减20-1-4

(30行)花样A

48cm
(134针)

27cm
(98行)

19cm
(68行)

75cm
(270行)

48cm
(172行)

8cm

前片、后片、帽子制作说明

1. 棒针编织法，衣身分为左前片、右前片、后片分别编织而成。
2. 起织后片，双罗纹针起针法，起134针，起织花样A，织至30行，改织花样B，两侧一边织一边减针，方法为20-1-4，减针后不加减针织至202行，两侧同时减针织成袖窿，减针方法为1-4-1、2-1-8，两侧针数各减少12针，余下针继续编织，两侧不再加减针，织至第270行时，两侧各收25针，中间52针用防解别针扣住，留待编织帽子。
3. 起织左前片，双罗纹针起针法，起62针，起织花样A，织至30行，改织花样B，左侧一边织一边减针，方法为20-1-4，减针后不加减针织至202行，左侧减针织成袖窿，减针方法为1-4-1、2-1-8，共减少12针，余下针继续编织，两侧不再加减针，织至第270行时，左侧收25针，右侧21针用防解别针扣住，留待编织帽子。
4. 同样方法相反方向编织右前片。完成后将左右前片侧缝与后片对应缝合，肩部缝合。
5. 沿左右前片及后片领口挑针编织帽子，起94针织花样B，织98行后，收针，将帽顶对称缝合。

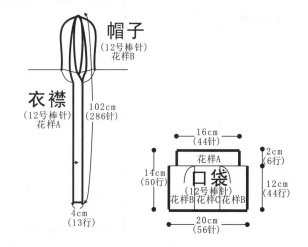

帽子
(12号棒针)
花样B

衣襟
(12号棒针)
花样A

102cm
(286针)

4cm
(13行)

16cm
(44针)

花样A

2cm
(6行)

口袋
(12号棒针)
花样B 花样C 花样B

14cm
(50针)

12cm
(44针)

20cm
(56针)

口袋、衣襟制作说明

1. 棒针编织法，编织两片袋片。
2. 起56针织花样B与花样C组合编织，中间织14针花样C，两侧各织21针花样B，重复往上织44行后，将中间13针绑成2针，钉上钮扣，织片变成44针，改织花样A，织至50行，收针断线。同样的方法编织另一口袋片，完成后缝合于左右前片下摆位置。
3. 沿左右前片衣襟及帽侧分别挑织衣襟，挑起286针，织花样A，织14行后，收针断线。注意左前片衣襟均匀留起6个扣眼。

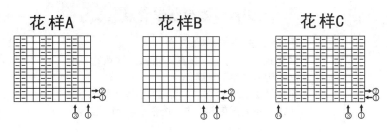

花样A

花样B

花样C

159

气质长款翻领衫

【成品规格】衣长75cm，下摆宽55cm，袖长60cm
【工　　具】11号棒针
【编织密度】20针×28行=10cm²
【材　　料】咖啡色棉线共700g

前片、后片制作说明

1. 棒针编织法，衣服分为衣身片和衣摆片两片编织，衣身袖窿以下一片编织完成，袖窿起分为左前片、右前片、后片来编织。衣摆一片编织。织片较大，可采用环形针编织。

2. 起织衣身片，下针起针法，起164针，起织花样B与花样C组合，中间织136针花样B，两侧各织14针花样C，重复往上织至30行，从第31行起将织片分片，分为右前片，左前片和后片，右前片与左前片各取40针，后片取84针编织。先编织后片，而右前片与左前片的针眼用防解别针扣住，暂时不织。

3. 分配后片的针数到棒针上，用11号针编织，起织时两侧需要同时

减针织成袖窿，减针方法为1-2-1、2-1-4，两侧针数各减少6针，余下针继续编织，两侧不再加减针，织至第81行时，中间留取28针不织，用防解别针扣住，两端相反方向减针编织，各减少2针，方法为2-1-2，最后两肩部余下20针，收针断线。

4. 左前片与右前片的编织，两者编织方法相同，但方向相反，以右前片为例，右前片的左侧为衣襟边，不加减针编织，右侧要减针织成袖窿，减针方法为1-2-1、2-1-4，针数减少6针，余下针数继续编织至84行，织片右侧平收20针作为肩部，余下14针留待编织衣领。

5. 前片与后片的两肩部对应缝合。

6. 编织衣摆片。下针起针法起90针，织花样B，织至56行，改织花样D，织至252行，改织花样B，织至308行，收针。将衣摆片上端与衣身片对应缝合。

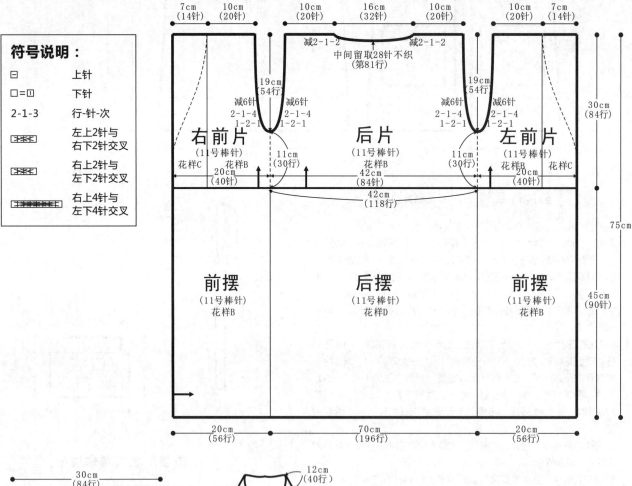

符号说明：

□	上针
□=□	下针
2-1-3	行-针-次
	左上2针与右下2针交叉
	右上2针与左下2针交叉
	右上4针与左下4针交叉

7cm（14针）　10cm（20针）　10cm（20针）　16cm（32针）　10cm（20针）　10cm（20针）　7cm（14针）

减2-1-2　中间留取28针不织（第81行）　减2-1-2

19cm（54行）　减6针 2-1-4 1-2-1　减6针 2-1-4 1-2-1

19cm（54行）　减6针 2-1-4 1-2-1　减6针 2-1-4 1-2-1

30cm（84行）

右前片（11号棒针）花样C 花样B　**后片**（11号棒针）花样B　**左前片**（11号棒针）花样B 花样C

11cm（30行）　11cm（30行）

20cm（40针）　42cm（84针）　20cm（40针）

42cm（118行）

75cm

前摆（11号棒针）花样B　**后摆**（11号棒针）花样D　**前摆**（11号棒针）花样B

45cm（90针）

20cm（56行）　70cm（196行）　20cm（56行）

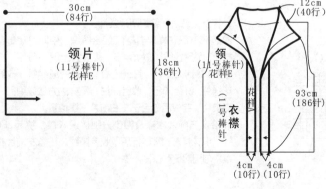

30cm（84行）

领片（11号棒针）花样E

18cm（36针）

12cm（40行）

领（11号棒针）花样E

花样衣襟（11号棒针）

93cm（186针）

4cm（10行）　4cm（10行）

领片、衣襟制作说明

1. 棒针编织法，横向编织。

2. 起36针，织花样E，不加减针织84行后，收针，将右侧片与前后衣领对应缝合。

3. 领片缝合好后编织衣襟。沿左右前片及衣领边沿分别挑起186针织花样A，织10行后，收针断线。

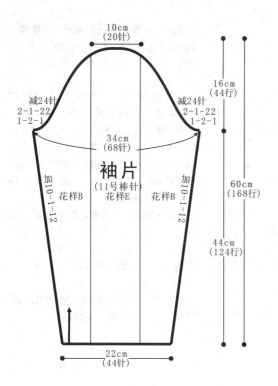

10cm
(20针)

16cm
(44行)

减24针
2-1-22
1-2-1

减24针
2-1-22
1-2-1

34cm
(68针)

袖片
(11号棒针)
花样E

60cm
(168行)

加10-1-12
花样B

花样B

加10-1-12

花样E

44cm
(124行)

22cm
(44针)

袖片制作说明

1. 棒针编织法，编织两片袖片。从袖口起织。

2. 起44针，织花样E与花样B组合编织，中间织20针花样E，两侧针数织花样B，重复往上编织，一边织一边两侧加针，方法为10-1-12，织至124行，两侧减针织成袖窿，方法为1-2-1、2-1-22，织至168行，余下20针，收针断线。

3. 同样的方法再编织另一袖片。

4. 缝合方法：将袖山对应前片与后片的袖窿线，用线缝合，再将两袖侧缝对应缝合。

花样E

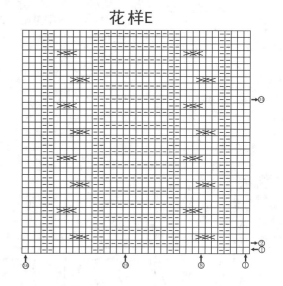

花样A

花样B

花样C

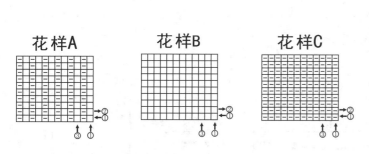

花样D

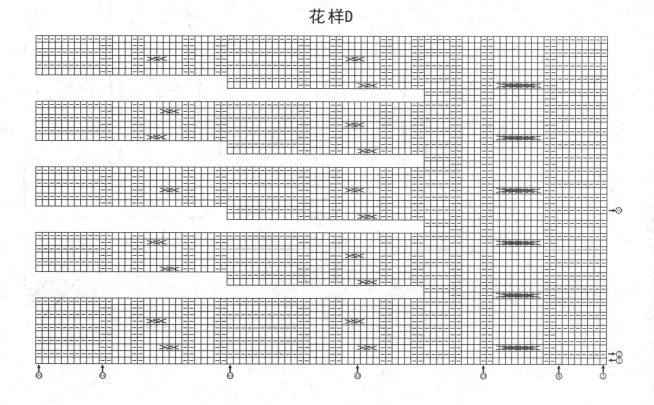

161

简约偏襟大衣

【成品规格】衣长68cm，下摆宽46cm，袖长60cm
【工　　具】11号棒针
【编织密度】20针×28行=10cm²
【材　　料】杏色棉线650g

前片、后片制作说明

1. 棒针编织法，衣服分为衣身片和衣摆片及衣襟片三部分编织，衣身片分为左前片、右前片、后片来编织。织片较大，可采用环形针编织。

2. 起织衣身后片，下针起针法，起92针，织花样B，一边织一边两侧减针后再加针，方法为减12-1-4、加12-1-2，织至86行，织片余下88针，第87行起两侧减针织成袖窿，方法为1-2-1、2-1-4，织至137行，中间平收32针，两端相反方向减针编织，各减少2针，方法为2-1-2，最后两肩部余下20针，收针断线。

3. 起织左前片，下针起针法，起40针，织花样B，一边织一边左侧减针后再加针，方法为减12-1-4、加12-1-2，织至86行，织片余

下38针，第87行起左侧减针织成袖窿，方法为1-2-1、2-1-4，同时右侧减针织成前领，方法为4-1-12，织至140行，肩部余下20针，收针断线。

4. 相同方法相反方向编织右前片，完成后将左右前片分别与后片的侧缝缝合，两肩部缝合。

5. 起织衣摆片。衣摆片横向编织，起8针，织花样A，一边织一边左侧加针，方法为2-1-28，织成36针，不加减针往右织至296行，左侧减针编织，减2-1-28，织至352行，织片余下8针，收针断线。

6. 起织衣襟片。左衣襟起织，起8针，织花样A，一边织一边左侧加针，方法为2-1-28，织成36针，不加减针往右织至388行，左侧减针编织，减2-1-28，织至444行，织片余下8针，收针断线。

7. 将衣襟片短边的一侧与衣身片对应缝合，再将两斜边与衣摆片斜边对应缝合。

符号说明：

日	上针
口=田	下针
2-1-3	行-针-次

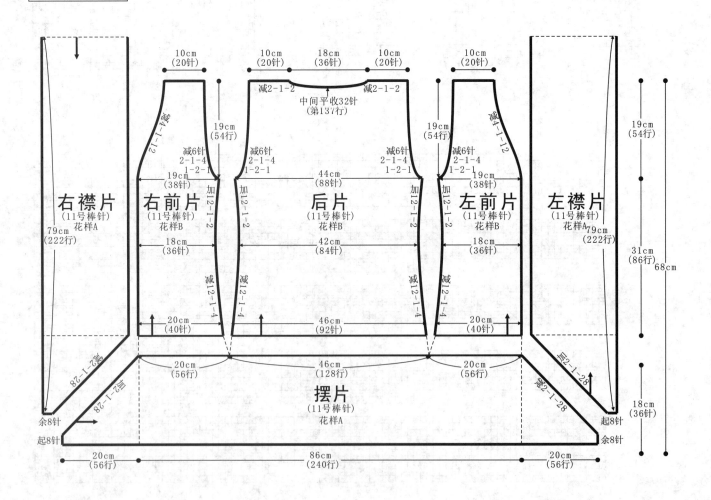

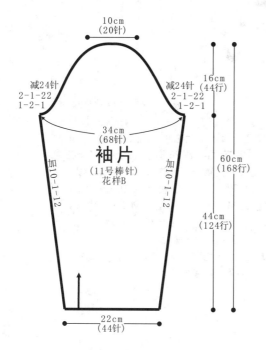

10cm
(20针)

16cm
(44行)

减24针
2-1-22
1-2-1

减24针
2-1-22
1-2-1

34cm
(68针)

60cm
(168行)

袖片
(11号棒针)
花样B

加10-1-12

加10-1-12

44cm
(124行)

22cm
(44针)

袖片制作说明

1. 棒针编织法，编织两片袖片。从袖口起织。
2. 起44针，织花样B。一边织一边两侧加针，方法为10-1-12，织至124行，两侧减针织成袖窿，方法为1-2-1、2-1-22，织至168行，余下20针，收针断线。
3. 同样的方法再编织另一袖片。
4. 缝合方法：将袖山对应前片与后片的袖窿线，用线缝合，再将两袖侧缝对应缝合。

花样A   **花样B**

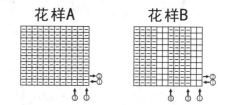

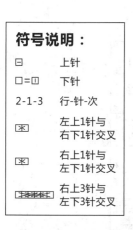

古典对襟长毛衣

【成品规格】衣长73cm，下摆宽46cm，袖长66cm
【工　　具】10号棒针
【编织密度】19针×26行=10cm²
【材　　料】暗红色羊毛线650g

前片、后片制作说明

1. 棒针编织法，衣身分为左前片、右前片、后片分别编织而成。
2. 起织后片，起88针，起织花样A，织26行，改织花样B，织至140行，两侧同时减针织成袖窿，减针方法为1-4-1、2-1-4，两侧针数各减少8针，余下针数继续编织，两侧不再加减针，织至第

187行时，中间留起30针不织，两侧减针织成后领，方法为2-1-2，织至190行，两肩部各余下19针，收针断线。
3. 起织左前片，起39针，起织花样A，织26行，改织花样C，织至140行，左侧减针织成袖窿，减针方法为1-4-1、2-1-4，共减少8针，余下针数继续编织，织至第164行时，第165行起右减减针织成前领，方法为2-1-12，织至190行，织片余下19针，收针断线。
4. 同样方法相反方向编织右前片。完成后将左右前片的侧缝分别与后片缝合，将左右肩部缝合。

符号说明：

□	上针
□=□	下针
2-1-3	行-针-次
図	左上1针与右下1针交叉
図	右上1针与左下1针交叉
図図図図	右上3针与左下3针交叉

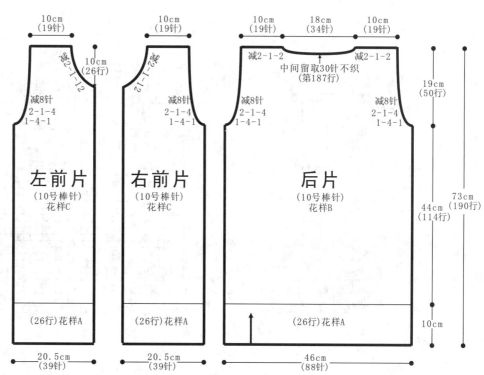

10cm
(19针)

10cm
(19针)

10cm
(26行)

减2-1-12

左前片
(10号棒针)
花样C

减8针
2-1-4
1-4-1

(26行)花样A

20.5cm
(39针)

10cm
(19针)

减2-1-12

右前片
(10号棒针)
花样C

减8针
2-1-4
1-4-1

(26行)花样A

20.5cm
(39针)

10cm
(19针)

18cm
(34针)

10cm
(19针)

减2-1-2

减2-1-2

中间留取30针不织
(第187行)

减8针
2-1-4
1-4-1

减8针
2-1-4
1-4-1

后片
(10号棒针)
花样B

(26行)花样A

46cm
(88针)

19cm
(50行)

44cm
(114行)

73cm
(190行)

10cm

163

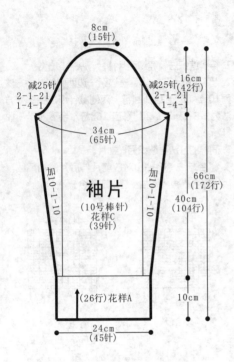

8cm
(15针)

减25针
2-1-21
1-4-1

16cm
(42行)

减25针
2-1-21
1-4-1

34cm
(65针)

加10-1-10

袖片
(10号棒针)
花样C
(39针)

加10-1-10

66cm
(172行)

40cm
(104行)

(26行)花样A

10cm

24cm
(45针)

袖片制作说明

1. 棒针编织法，编织两片袖片。从袖口起织。
2. 起45针，织花样A，织26行后，改织花样C与花样B组合编织，中间织39针花样C，两侧织花样B，一边织一边两侧加针，方法为10-1-10，织至130行，两侧减针织成袖窿，方法为1-4-1、2-1-21，织至172行，余下15针，收针断线。
3. 同样的方法再编织另一袖片。
4. 缝合方法：将袖山对应前片与后片的袖窿线，用线缝合，再将两袖侧缝对应缝合。

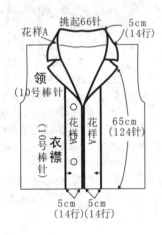

花样A

挑起66针

5cm
(14行)

领
(10号棒针)

花样A

花样A

衣襟
(10号棒针)

65cm
(124针)

5cm
(14行)

5cm
(14行)

领片、衣襟制作说明

1. 棒针编织法，先挑织衣襟。沿左右前片衣襟边分别挑起124针，织花样A，织14行后，收针断线。注意左侧衣襟均匀留起3个扣眼。
2. 编织衣领，沿领口挑起余下针数起织，挑起66针织花样A，织14行后，收针断线。

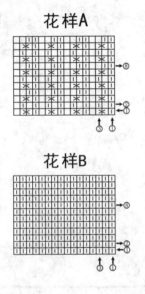

花样A

花样B

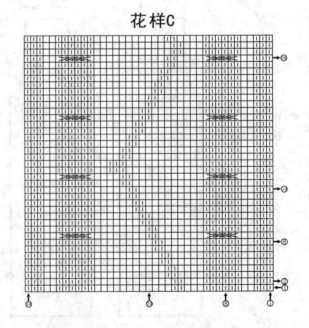

花样C

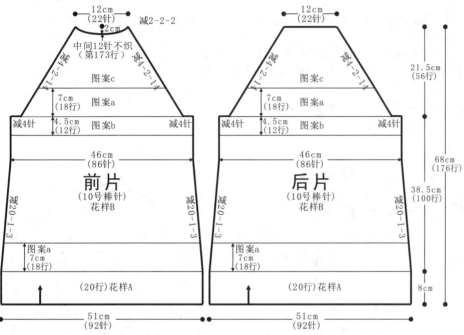

清新套头毛衣

【成品规格】衣长68cm，下摆宽51cm，肩连袖长68cm
【工　　具】10号棒针
【编织密度】18针×26行=10cm²
【材　　料】黄色棉线150g、白色棉线400g、黑色、灰色棉线各30g

前片、后片制作说明

1. 棒针编织法，衣身片分为前片和后片，分别编织，完成后与袖片缝合而成。
2. 起织后片，黄色线起织，起92针，起织花样A，织20行，改为白色线织花样B，一边织一边两侧减针，方法为20-1-3，织至120行，第21行织片左右两侧各收4针，然后减针织成插肩袖窿，方法为4-2-14，织至

138行，改为黄色线编织，织至176行，织片余下22针，用防解别针扣起，留待编织衣领。
3. 起织前片，黄色线起织，起92针，起织花样A，织20行，改为白色线织花样B，一边织一边两侧减针，方法为20-1-3，织至120行，第21行织片左右两侧各收4针，然后减针织成插肩袖窿，方法为4-2-14，织至138行，改为黄色线编织，织至172行，中间留起12针不织，两侧减针织成前领，方法为2-2-2，织至176行，两侧各余下1针，用防解别针扣起，留待编织衣领。
4. 将前片与后片的侧缝缝合。

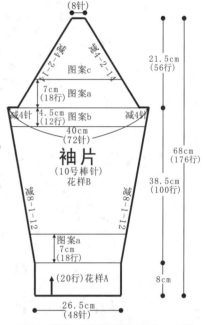

前片
（10号棒针）
花样B

后片
（10号棒针）
花样B

袖片
（10号棒针）
花样B

12cm（22针）　减2-2-2　2cm　中间12针不织（第173行）　减4-2-14　图案c　7cm（18行）图案a　4.5cm（12行）图案b　减4针　46cm（86针）　减20-1-3　图案a 7cm（18行）　（20行）花样A　51cm（92针）

21.5cm（56行）　68cm（176行）　38.5cm（100行）　8cm

4cm（8针）　减4-2-14　图案c　7cm（18行）图案a　4.5cm（12行）图案b　40cm（72针）　减4针　袖片　减8-1-12　图案a 7cm（18行）　（20行）花样A　26.5cm（48针）

符号说明：

符号	说明
□	上针
□=□	下针
2-1-3	行-针-次

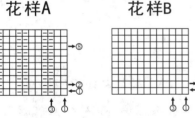

领片
（10号棒针）
花样A

14cm（36行）

领片制作说明

1. 棒针编织法，一片环形编织完成。
2. 挑织衣领，沿前后领口挑起60针，黄色线编织花样A，织36行后，向内与起针合并成双层衣领，收针断线。

袖片制作说明

1. 棒针编织法，编织两片袖片。从袖口起织。
2. 双罗纹针起针法，黄色线起织，起48针，起织花样A，织20行，改为白色线织花样B，一边织一边两侧加针，方法为8-1-12，织至120行，第21行织片左右两侧各收4针，然后减针织成插肩袖窿，方法为4-2-14，织至138行，改为黄色线编织，织至176行，织片余下8针，用防解别针扣起，留待编织衣领。
3. 同样的方法，相反方向再编织另一袖片。
4. 将两袖侧缝对应缝合，再将两插肩对应前后片插肩缝合。

花样A　　花样B

图案a

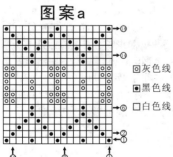

☑灰色线
■黑色线
□白色线

图案c

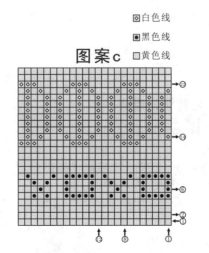

☑白色线
■黑色线
□黄色线

图案b

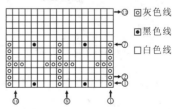

☑灰色线
■黑色线
□白色线

气质高领毛衣

【成品规格】衣长65cm，下摆宽44cm，袖长66cm
【工　　具】10号棒针
【编织密度】16针×22行=10cm²
【材　　料】深蓝色羊毛线500g

符号说明：

□	上针
□=□	下针
2-1-3	行-针-次
田	元宝针
	左上2针与右下1针交叉
	右上2针与左下1针交叉
	右上2针与左下2针交叉
	右上3针与左下3针交叉

前片、后片制作说明

1. 棒针编织法，衣身分为前片、后片分别编织而成。

2. 起织后片，起70针，起织花样A，织22行，改织花样B，织至100行，两侧同时减针织成袖窿，减针方法为1-4-1、2-1-3，两侧针数各减少7针，余下针数继续编织，两侧不再加减针，织至第139行时，中间留起32针不织，两侧减针织成后领，方法为2-1-2，织至142行，两肩部各余下10针，收针断线。

3. 起织前片，起70针，起织花样A，织22行，改织花样C，织至100行，两侧同时减针织成袖窿，减针方法为1-4-1、2-1-3，两侧针数各减少7针，余下针数继续编织，两侧不再加减针，织至第131行时，中间留起16针不织，两侧减针织成前领，方法为2-2-5，织至142行，两肩部各余下10针，收针断线。

4. 将前片的侧缝分别与后片缝合，将左右肩部缝合。

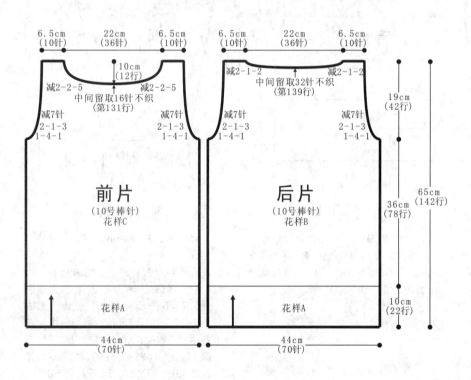

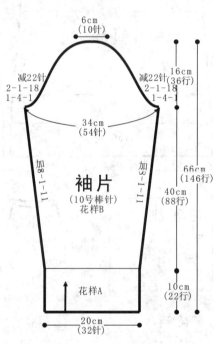

领片制作说明

1. 棒针编织法，一片环形编织完成。

2. 挑织衣领，沿前后领口挑起76针，织花样A，织36行后，双罗纹针收针法，收针断线。

袖片制作说明

1. 棒针编织法，编织两片袖片。从袖口起织。

2. 起32针，织花样A，织22行后，改织花样B，一边织一边两侧加针，方法为8-1-11，织至110行，两侧减针织成袖窿，方法为1-4-1、2-1-18，织至146行，余下10针，收针断线。

3. 同样的方法再编织另一袖片。

4. 缝合方法：将袖山对应前片与后片的袖窿线，用线缝合，再将两袖侧缝对应缝合。

花样C
（前片花样图解）

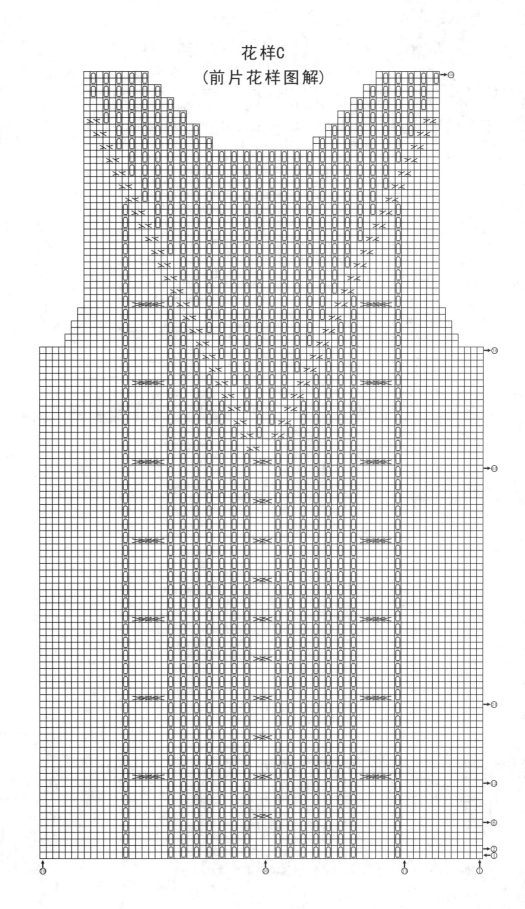

花样A

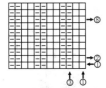

花样B

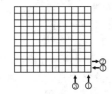

个性短袖衫

【成品规格】衣长90cm，下摆宽55cm
【工　　具】8号棒针
【编织密度】8.3针×14.5行=10cm²
【材　　料】灰黑色腈纶线600g

前片、后片制作说明

1. 棒针编织法，用8号棒针。由前胸片、后胸片、下摆片组成，横向编织。这是一款织法特别的衣服，但方法简单，就是在各片全织下针，完成行数后，将图解中所示的放针位置，将针放掉，就形成拉丝的样子。
2. 胸片的编织。由前胸片和后胸片组成，以前胸片为例。

① 起针，下针起针法，起25针，正面全织下针，返回全织上针，不加减针织160行的高度后，将花样B图解中所示的放针位置，即第3、4、9、10、15、16、21、22针，将这些针从第160行放掉，将之放至起织的位置，这样，就形成了一条长线。同样，编织后胸片与下摆片时，也是相同

的放针法，不再重复。
② 相同的方法去编织后胸片，同样放掉针，然后如结构图所示的行数，将肩部50行的宽度，进行缝合，腋下40行的宽度进行缝合。如此留出的空间，肩部之间的开口是为领口，腋下之间的空间是为下摆片的缝合开口。
③ 下摆片的编织。下摆片由一片编织而成，从一边侧缝起织，经另一边侧缝，继续编织后下摆片，再回到起织处进行缝合。起50针，正面全织下针，返回全织上针，不加减织160行的高度后，如前胸片的放针方法，将花样A中所示的放针位置将针放掉，放至起织行，然后将首尾两行缝合。再将一侧开口与胸片的腋下之间的开口进行缝合。衣服完成。

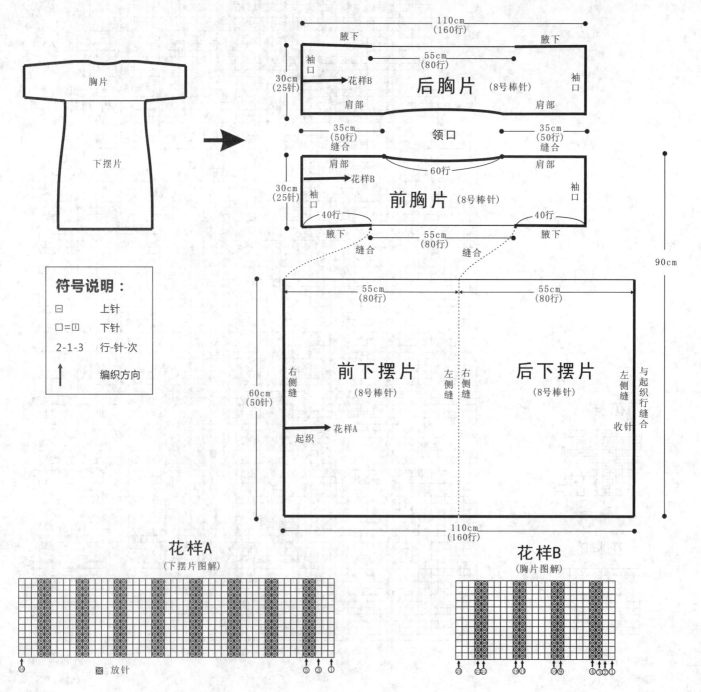

符号说明：
□　　　上针
□=□　下针
2-1-3　行-针-次
↑　　　编织方向

110cm
(160行)
腋下　　　腋下
袖口
30cm
(25针)　→花样B　后胸片 (8号棒针)
袖口
肩部　　　肩部

55cm
(80行)

35cm
(50行)
缝合
领口
35cm
(50行)
缝合

肩部　　　肩部
30cm
(25针)　→花样B　前胸片 (8号棒针)
袖口　　　　　　　　　　　袖口
60行
40行　　　　　40行
腋下　　　腋下
缝合　55cm　缝合
(80行)

55cm
(80行)
55cm
(80行)

右侧缝　前下摆片　左侧缝　右侧缝　后下摆片　左侧缝　与起织行缝合
60cm
(50针)　(8号棒针)　(8号棒针)
收针
→花样A
起织

110cm
(160行)

90cm

花样A
(下摆片图解)
◎ 放针

花样B
(胸片图解)

168

雅致V领长毛衣

【成品规格】衣长97cm，胸宽56cm，袖长29cm，下摆宽60cm
【工　　具】9号棒针
【编织密度】14针×24行＝10cm²
【材　　料】灰色腈纶线800g，纽扣7枚

符号说明：

□	上针
□＝回	下针
2-1-3	行-针-次
↑	编织方向

前片、后片、下摆片制作说明

1. 棒针编织法，用9号棒针。由左前片、右前片、下摆片2片和后片组成，从下往上编织。

2. 前片的编织。由右前片和左前片组成，以右前片为例。从右侧缝起织。

① 起针，下针起针法，起69针，从左向右算起26针，始终编织花样A双罗纹针，余下的43针全织下针，在双罗纹与下针交界处的1针，进行减针编织，每织4行减1针，减8次，然后每织8行减1针，减11次，减针至肩部。而左侧缝进行加减针变化，先是每织6行减1针，减6次，然后不加减针织40行的高度后，开始进行加针，每织4行加1针，加3次，织成88行的高度，至袖窿。袖窿以上减针，每织6行减2针，减4次，减少8针，然后不加减，与衣襟减针同步进行，织至肩部，袖窿以上织成48行时，织片的针数余下13针，从左向右取13针收针断线，余下的26针双罗纹，暂用防解别针扣住，暂停编织。相同的方法编织左前片。

② 左前片的编织方法与右前片相同，只是加减针的方向与右前片相反。同样织至肩部时，将双罗纹花样用防解别针扣住不织，余下的12针，收针断线。

③ 缝合，将两片从衣襟算起，取40针的宽度，重叠缝合。形成下摆边。

④ 前下摆片的编织，单独编织，双罗纹起针法，起112针，不加减针，编织花样A双罗纹针，编织96行的高度后，收针断线，将收针行与前片的下摆边对应缝合。

3. 后片的编织。下针起针法，起84针，正面全织下针，返回全织上针，两侧缝进行加减针变化，先是每织6行减1针，减6次，然后不加减针织40行的高度后，开始加针，每织4行加1针，加3次，织成88行，至袖窿，开始袖窿减针，每织6行减2针，减4次，然后不加减针再织24行后，至肩部，余下62针，从两边算起，各取12针，收针断线。余下中间的38针，不收针，暂停编织。下一步编织后下摆片，单独编织，与前下摆片的针数与行数相同，完成后，与后片的下摆边进行缝合。

4. 拼接。将前后片的肩部对应缝合，将两片的侧缝进行对应缝合。

5. 帽的编织。完成缝合后，将前片的双罗纹针和后片余下的38针，连作一片进行编织，花样分配的编织不改变，后片的38针仍织下针，两侧26针仍然织双罗纹针，往上不加减针，织成112行的高度后，从织片的中间对折，将两边对应缝合。

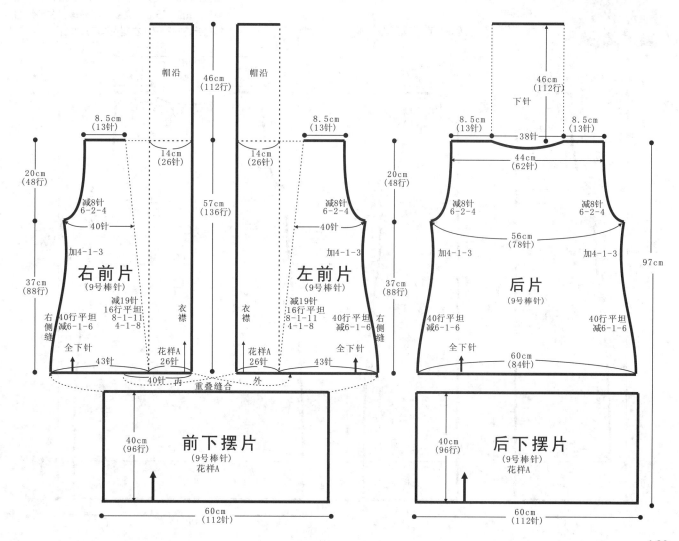

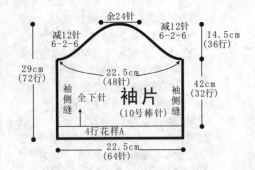

余24针

减12针
6-2-6

减12针
6-2-6

14.5cm
(36行)

29cm
(72行)

22.5cm
(48针)

袖侧缝

全下针

袖片
(10号棒针)

袖侧缝

42cm
(32行)

4行花样A

22.5cm
(64针)

袖片制作说明

1. 棒针编织法，短袖。从袖口起织。袖山收圆肩。

2. 起针，双罗纹起针法，用10号棒针起织，起64针，来回编织。

3. 袖口的编织，起针后，编织花样A双罗纹针，无加减针编织4行的高度后，最后一行内将2针上针并为1针，减少16针，余下48针，进入下一步袖身的编织。

4. 袖身的编织，从第5行，全织下针，不加减针织32行的高度后完成袖身的编织。

5. 袖山的编织，两边减针编织，减针方法为，两边每织6行减2针，减6次，余下24针，收针断线。以相同的方法，再编织另一只袖片。

6. 缝合，将袖片的袖山边与衣身的袖窿边对应缝合。将袖侧缝缝合。

花样A（双罗纹）

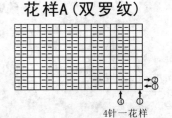

4针一花样

大气修身长毛衣

【成品规格】衣长86cm，袖长59cm，下摆宽47cm

【工　　具】10号棒针

【编织密度】17.75针×24.7行＝10cm²

【材　　料】灰色腈纶线750g，大扣子7枚

前片、后片制作说明

1. 棒针编织法，用10号棒针。由左前片、右前片、后片组成，从下往上编织。

2. 前片的编织。由右前片和左前片组成，以右前片为例。

① 起针，双罗纹起针法，起44针，编织花样A双罗纹针，不加减针，织20行的高度。在最后一行时，将双罗纹针的2针上针并为1针，整个织片减少11针，织片余33针。

② 袖窿以下的编织。第21行起，分配成花样B进行编织，在编织过程中，右前片的右侧侧缝进行加减针变化，左侧衣襟边不进行加减针。右侧缝加减针的方法是，先织20行减1针，减1次，每织12行减1针，减4次。然后不加减针织30行的高度时，再每织12行加1针加4次，织成146行的高度，至袖窿。左前片的加减针是左侧缝，右侧衣襟不加减针。

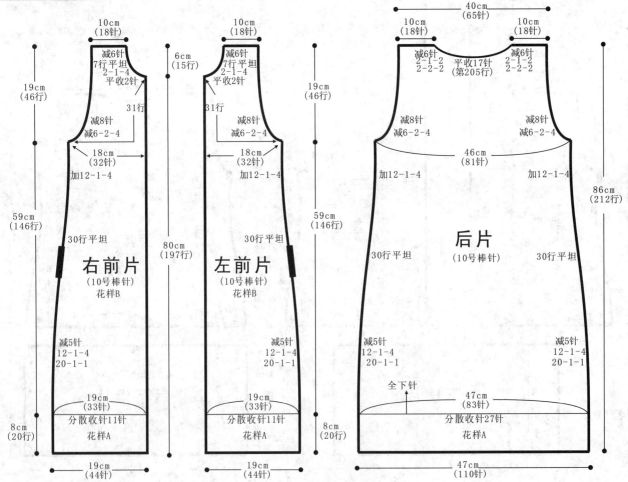

③ 袖窿以上的编织。右前片的右边侧缝进行袖窿减针，每织6行减2针，减4次。左边衣襟继续编织成31行时，下一行开始领边减针，从左向右，将2针收针掉，然后每织2行减1针，减4次，不加减再织7行，织成15行的高度，余下18针，收针断线。

④ 相同的方法去编织左前片。

3. 后片的编织。双罗纹起针法，起110针，编织花样A双罗纹针，不加减，织20行的高度。在最后一行时，将双罗纹针的2针上针并为1针，整个织片减少27针，织片余下83针。然后第21行起，全织下针，两侧缝进行加减针变化，先是织20行减1针，减1次，然后每织12行减1针，减4次，不加减针再织30行，最后是每织12行加1针，加4次。至袖窿，然后袖窿起减针，方法与前片相同。当衣服织至第205行时，中间将17针收针收掉，两边相反方向减针，每织2行减2针，减2次，每织2行减1针，减2次，织成后领边，两肩部余下18针，收针断线。

4. 拼接。将前后片的肩部对应缝合，将两侧缝对应缝合。

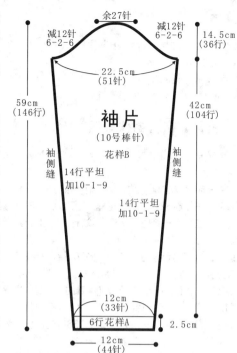

余27针
减12针
6-2-6
减12针
6-2-6
14.5cm
（36行）

22.5cm
（51针）

59cm
（146行）

42cm
（104行）

袖侧缝

袖侧缝

袖片
（10号棒针）

花样B

14行平坦
加10-1-9

14行平坦
加10-1-9

12cm
（33针）

6行花样A

2.5cm

12cm
（44针）

袖片制作说明

1. 棒针编织法，长袖。从袖口起织。袖山收圆肩。

2. 起针，双罗纹起针法，用10号棒针起织，起44针，来回编织。

3. 袖口的编织，起针后，编织花样A双罗纹针，无加减编织6行的高度后，进入下一步袖身的编织。

4. 袖身的编织，从第7行，编织花样B，两袖侧缝加针，每织10行加1针，加9次，织成90行，再织14行后，完成袖身的编织。

5. 袖山的编织，两边减针编织，减针方法为，两边每织6行减2针，减6次，余下27针，收针断线。以相同的方法，再编织另一只袖片。

6. 缝合，将袖片的袖山边与衣身的袖窿边对应缝合。将袖侧缝缝合。

花样A（双罗纹）

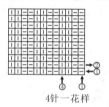

4针一花样

花样B

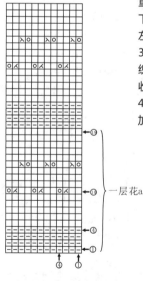

一层花a

花样C（单罗纹）

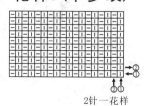

2针一花样

领片、衣襟、系带制作说明

1. 棒针编织法，用10号棒针，先编织衣襟，再编织衣领。

2. 衣襟的编织。挑针起织花样A双罗纹针，挑152针，来回编织，不加减针织18行的高度，收针断线。右衣襟要制作7个扣眼，在第9行里，织完32针时，开始制作扣眼，先将接下来的6针收针，然后继续再织12针双罗纹，再将接下来的6针收针，再继续织12针双罗纹，第3次将接下来的6针收针，如此重复，共制作7个扣眼，返回编织时，当织至收针处，用单起针法，将这些针数重起，即起6针，再接上双罗纹编织，同样的方法编织余下的扣眼，完成这行扣眼后，再织8行后，收针断线。在左衣襟上，对应右衣襟的位置，钉上扣子。

3. 领片的编织，沿着前后衣领边，挑出120针，来回编织，编织花样A双罗纹针，不加减针织36行的高度后，收针断线。

4. 系带的编织，起16针。来回编织花样C单罗纹针，不加减针，织400行的长度后，收针断线。衣服完成。

符号说明：

□	上针
□=回	下针
2-1-3	行-针-次
↑	编织方向
⊠	左并针
☑	右并针
◎	镂空针

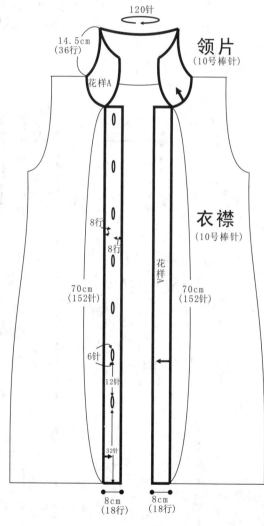

120针

14.5cm
（36行）

花样A

领片
（10号棒针）

8行

8行

70cm
（152针）

花样A

衣襟
（10号棒针）

70cm
（152针）

6针

12针

32针

8cm
（18行）

8cm
（18行）

150cm
（400行）

4cm
（16针）

花样C

系带（10号棒针）

秀雅短袖长毛衣

【成品规格】衣长81cm，袖长29cm，下摆宽49cm

【工　　具】10号棒针

【编织密度】22针×24.75行=10cm²

【材　　料】浅棕色腈纶线750g，大扣子3枚

前片、后片制作说明

1. 棒针编织法，用10号棒针。由左前片、右前片、后片组成，从下往上编织。

2. 前片的编织。由右前片和左前片组成，以右前片为例。

① 起针，双罗纹起针法，起62针，编织花样A双罗纹针，不加减针，织22行的高度。在最后一行时，将双罗纹针的2针上针并为1针，整个织片减少15针，织片余47针。

② 袖隆以下的编织。第23行起，分配花样，前20针编织花样B，余下的27针全织上针。在编织过程，右前片的右侧侧缝进行加减针变化，左侧衣襟边不进行加减针。右侧缝加减针的方法是，先织22行减1针，减1次，每织10行减1针，减7次。然后不加减针织20行的高度时，再每织12行加1针加2次，织成158行的高度，至袖隆。左前片的加减针是左侧缝，右侧衣襟不加减针。

③ 袖隆以上的编织。右前片的右边侧缝进行袖隆减针，每织6行减2针，减4次。左侧衣襟不作加减针变化，袖隆减完针后，不加减针再织22行后，余下33针，全部收针断线。

④ 编织2个口袋，下针起针法，起27针，正面全织下针，返回全织上针，不加减针编织46行的高度后，收针断线，将其中三边缝合于前片衣摆上边，全上针花样起始部分。相同的方法，再制作另一个口袋，缝于另一前片，相同的位置上。

⑤ 编织两个双罗纹针长条，双罗纹起针法，起50针，起织花样A双罗纹针，不加减针织22行的高度后，收针断线，将之一长边，缝合于近袖隆的位置上，另一前片同样制作一双罗纹长条。

⑥ 相同的方法去编织左前片。

3. 后片的编织。双罗纹起针法，起142针，编织花样A双罗纹针，不加减针，织22行的高度。在最后一行时，将双罗纹针的2针上针并为1针，整个织片减少35针，织片余下107针。然后第23行起，全织下针，两侧缝进行加减针变化，先是织22行减1针，减1次，然后每织10行减1针，减7次，不加减针再织20行，最后是每织12行加1针，加2次。至袖隆，然后袖隆起减针，方法与前片相同。减针后，不加减针再织22行后，余下79针，收针断线。

4. 拼接。将前后片的肩部对应缝合，将两侧缝对应缝合。

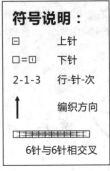

符号说明：

□	上针
□=□	下针
2-1-3	行-针-次
↑	编织方向

6针与6针相交叉

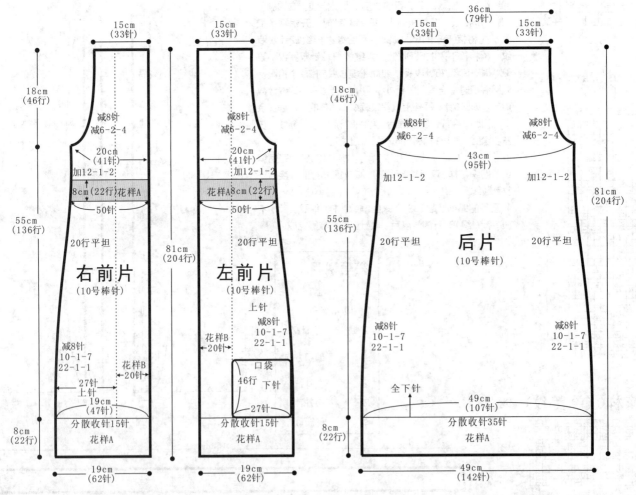

172

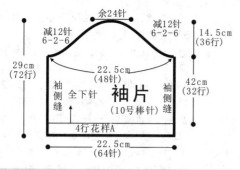

余24针

减12针
6-2-6

减12针
6-2-6

14.5cm
(36行)

29cm
(72行)

22.5cm
(48针)

袖侧缝

袖侧缝

全下针

袖片
（10号棒针）

42cm
(32行)

4行花样A

22.5cm
(64针)

袖片制作说明

1. 棒针编织法，短袖。从袖口起织。袖山收圆肩。

2. 起针，双罗纹起针法，用10号棒针起织，起64针，来回编织。

3. 袖口的编织，起针后，编织花样A双罗纹针，无加减针编织4行的高度后，最后一行内将2针上针并为1针，减少16针，余下48针，进入下一步袖身的编织。

4. 袖身的编织，从第5行，全织下针，不加减针织32行的高度后完成袖身的编织。

5. 袖山的编织，两边减针编织，减针方法为，两边每织6行减2针，减6次，余下24针，收针断线。以相同的方法，再编织另一只袖片。

6. 缝合，将袖片的袖山边与衣身的袖窿边对应缝合。将袖侧缝缝合。

花样B

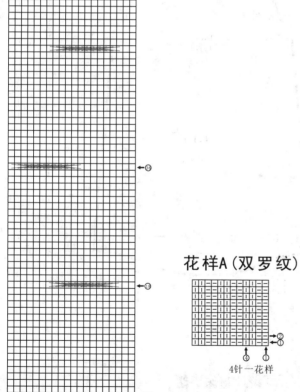

←⑥

←①

←①

㉚ ① ②①

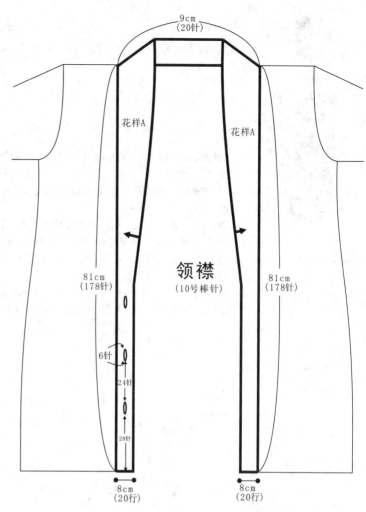

9cm
(20针)

花样A

花样A

81cm
(178针)

81cm
(178针)

领襟
（10号棒针）

6针

24针

28针

8cm
(20行)

8cm
(20行)

领襟制作说明

1. 棒针编织法，用10号棒针。单独编织，再将曲边与衣身领襟边进行连接。

2. 起376针，起织花样A双罗纹针，不加减针织8行的高度后，右衣襟要制作3个扣眼，在第9行里，织完28针时，开始制作扣眼，先将接下来的6针收针，然后继续再织24针双罗纹，再将接下来的6针收针，再继续24针双罗纹，第3次将接下来的6针收针，如此重复，共制作3个扣眼，返回编织时，当织至收针处，用单起针法，将这些针数重起，即起6针，再接上双罗纹编织，同样的方法编织余下的扣眼，完成这行扣眼后，再织10行后，将左右两边的100针收针，而中间余下的176针，继续来回编织，两边同时收针，每织2行各收4针，共收10次针，织成20行的高度后，中间余下96针，将这些针数全部收针断线，将进行加减针的曲边，与衣身的领襟边进行对应缝合。在左衣襟上，对应右衣襟的位置，钉上扣子。

花样A（双罗纹）

←②

↑ ↑①

4针一花样

44cm
(96针)

46cm
(100针)

减2-4-10

减2-4-10

46cm
(100针)

领襟
（10号棒针）

花样A

8行

花样A

8cm
(20行)

170cm
(376针)

173

性感低领衫

【成品规格】衣长78cm，下摆宽52cm，袖长41.7cm
【工　　具】6号棒针
【编织密度】9.23针×9.6行=10cm²
【材　　料】深灰色腈纶线800g

前片、后片制作说明

1. 棒针编织法，线较粗，用6号棒针。由前片、后片和袖片2片组成，从下往上编织。

2. 前片的编织。袖隆以下一片编织而成，袖隆以上分成左右两片各自编织。

① 起针，下针起针法，起48针，选中间22针起织，用折回编织法，来回挑针，依照花样A分配花样编织。每行向前挑出2针编织后折回，共挑针3次，织成3行后，将两边余下的针数一并织完，将48针作一平面起织。织片织成5行。

② 袖隆以下的编织。第6行起，依照花样A进行棒绞花样编织，两侧侧缝进行加减针变化，右侧缝加减针的方法是，先织12行减1针，

减2次，然后不加减针织28行的高度时，织成52行的高度，至袖隆。

③ 袖隆以上的编织。分成左右两片各自编织，每片的针数为22针，以右片为例说明，右边侧缝进行袖隆减针，先平收2针，每织2行减1针，减2次。左边衣领减针，从左向右，先平收2针，然后每织2行减1针，减1次，每织4行减1针，减1次，然后不加减针织10行后，再次进行减针，先平收2针，然后每织2行减1针，减3次，不加减针再织2行，织成24行的高度，余下10针，收针断线。

④ 相同的方法去编织左片。

3. 后片的编织。后片起针以及编织至袖隆的方法与前片完全相同，但在袖隆以上，减针方法与前片相同，经减针后，再织16行后，没有后衣领减针，将余下的36针全部收针断线。

4. 拼接。将前后片的肩部对应缝合，将两侧缝对应缝合。

符号说明：

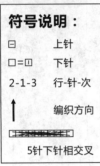

符号	说明
□	上针
□=□	下针
2-1-3	行-针-次
↑	编织方向

5针下针相交叉

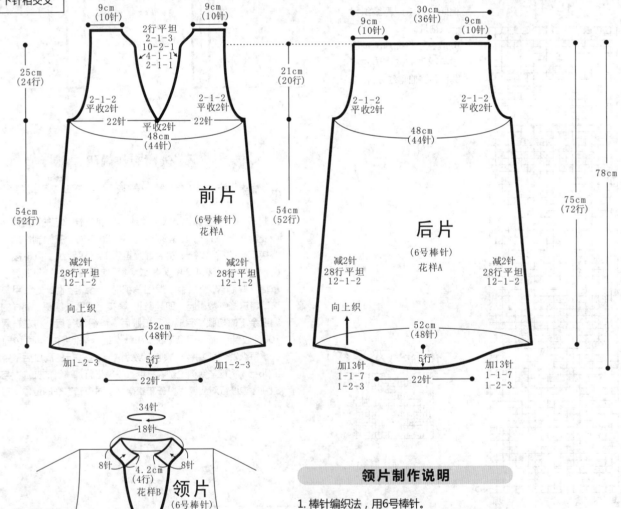

领片制作说明

1. 棒针编织法，用6号棒针。

2. 领片的编织，在领边第二次减针处开始挑针，如结构图所示，挑出34针，来回编织，起织花样A单罗纹针，不加减针织4行的高度后，收针断线。

174

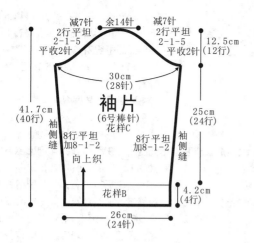

減7针　余14针　減7针
2行平坦　2行平坦
2-1-5　　　　2-1-5　　12.5cm
平收2针　　　平收2针　（12行）

30cm
（28针）

袖片
（6号棒针）
花样C

41.7cm
（40行）

25cm
（24行）

袖
侧
缝

8行平坦　　　8行平坦　　袖
加8-1-2　　　加8-1-2　　侧
缝

向上织

花样B

4.2cm
（4行）

26cm
（24针）

袖片制作说明

1. 棒针编织法，中长袖。从袖口起织。袖山收圆肩。

2. 起针，单罗纹起针法，用6号棒针起织，起24针，来回编织。

3. 袖口的编织，起针后，编织花样B单罗纹针，无加减针编织4行的高度后，进入下一步袖身的编织。

4. 袖身的编织，从第5行，编织花样C，两袖侧缝加针，每织8行加1针，加2次，织成16行，再织8行后，完成袖身的编织。

5. 袖山的编织，两边减针编织，减针方法为，两边平收2针，每织2行减1针，减5次，余下14针，收针断线。以相同的方法，再编织另一只袖片。

6. 缝合，将袖片的袖山边与衣身的袖窿边对应缝合。将袖侧缝缝合。

花样C
（袖片图解）

←14针→

花样B（单罗纹）

2针一花样

花样A
（前片图解）

前衣领

往后
片翻折
肩线

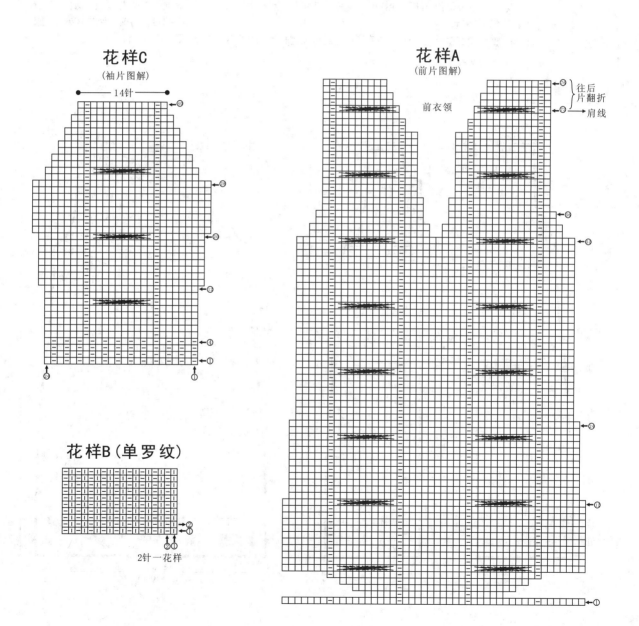

清雅连帽长毛衣

【成品规格】衣长89cm，袖长64.5cm，下摆宽47cm

【工　　具】10号棒针

【编织密度】18.95针×24.7行=10cm²

【材　　料】浅灰色腈纶线750g，大扣子7枚

前片、后片制作说明

1. 棒针编织法，用10号棒针。由左前片、右前片、后片组成，从下往上编织。

2. 前片的编织。由右前片和左前片组成，以右前片为例。

① 起针，双罗纹起针法，起50针，编织花样A双罗纹针，不加减针，织20行的高度。在最后一行时，将双罗纹针的2针上针并为1针，整个织片减少12针，织片余38针。

② 袖窿以下的编织。第21行起，分配成花样B进行编织，在编织过程中，右前片的右侧侧缝进行加减针变化，左侧衣襟边不进行加减针。右侧缝加减针的方法是，先织22行减1针，减1次，每织12行减1针，减4次。然后不加减织30行的高度时，再每织12行加1针加2次，织成156行的高度，至袖窿。左前片的加减针是左侧缝，右侧衣襟不加减针。

③ 袖窿以上的编织。右前片的右边侧缝进行袖窿减针，每织6行减

2针，减4次。左边衣襟继续编织成48行时，下一行开始领边减针，从左向右，将4针收针掉，然后每织2行减2针，减2次，再次每织2行减1针，减6次，织成16行的高度，余下12针，收针断线。

④ 相同的方法去编织左前片。

3. 后片的编织。双罗纹起针法，起120针，编织花样A双罗纹针，不加减针，织20行的高度。在最后一行时，将双罗纹针的2针上针并为1针，整个织片减少30针，织片余下90针。然后第21行起，分配编织花样B，两侧缝进行加减针变化，先是织22行减1针，减1次，然后每织12行减1针，减5次，不加减针再织30行，最后是每织12行加1针，加2次。至袖窿，然后袖窿起减针，方法与前片相同。当衣服织至第213行时，中间将30针收针收掉，两边相反方向减针，每织2行减2针，减2次，每织2行减1针，减2次，织成后领边，两肩部余下12针，收针断线。

4. 拼接。将前后片的肩部对应缝合，将两侧缝对应缝合。

符号说明：

□	上针
□=□	下针
2-1-3	行-针-次
↑	编织方向
▨▨▨▨	右上3针与左下2针交叉

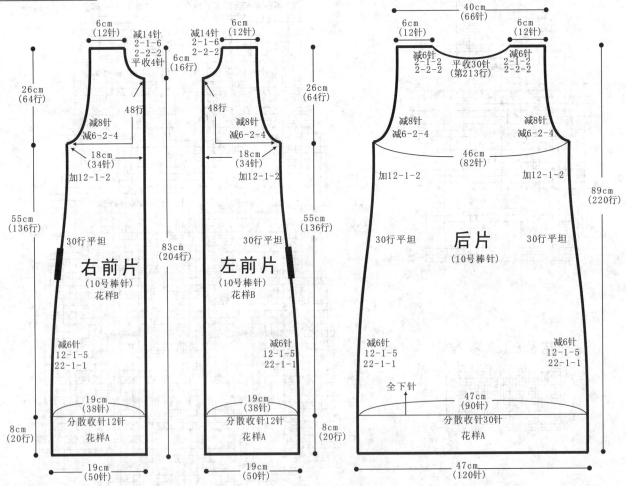

右前片（10号棒针）花样B

左前片（10号棒针）花样B

后片（10号棒针）

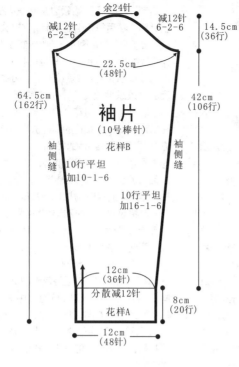

余24针
减12针 6-2-6
减12针 6-2-6
14.5cm (36行)

22.5cm (48针)

64.5cm (162行)

42cm (106行)

袖片
(10号棒针)

花样B

袖侧缝
10行平坦 加10-1-6

袖侧缝
10行平坦 加16-1-6

12cm (36针)

分散减12针
花样A

8cm (20行)

12cm (48针)

袖片制作说明

1. 棒针编织法，长袖。从袖口起织。袖山收圆肩。

2. 起针，双罗纹起针法，用10号棒针起织，起48针，来回编织。

3. 袖口的编织，起针后，编织花样A双罗纹针，无加减针编织20行的高度后，最后一行内将2针上针并为1针，减少12针，余下36针，进入下一步袖身的编织。

4. 袖身的编织，从第21行，编织花样B，两袖侧缝加针，每织16行加1针，加6次，织成96行，再织10行后，完成袖身的编织。

5. 袖山的编织，两边减针编织，减针方法为，两边每织6行减2针，减6次，余下24针，收针断线。以相同的方法，再编织另一只袖片。

6. 缝合，将袖片的袖山边与衣身的袖窿边对应缝合。将袖侧缝缝合。

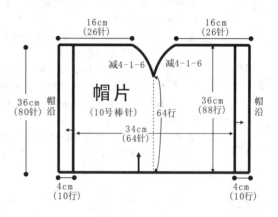

16cm (26针)
16cm (26针)

减4-1-6
减4-1-6

帽片
(10号棒针)

64行

36cm (80针) 帽沿

36cm (88行) 帽沿

34cm (64针)

4cm (10行)
4cm (10行)

帽片制作说明

1. 棒针编织法，一片编织而成。

2. 起针，沿着前后衣领边，挑出64针，分配成花样B进行编织，来回编织64行后，从帽片的中间2针开始，在这2针位置上进行减针，每织4行减1针，减6次，织成24行后，以这2针为中心进行对折，将帽顶缝合。

3. 沿着帽子的前沿，挑针起织花样A双罗纹针，挑出160针编织，不加减针织10行的高度后，收针断线。

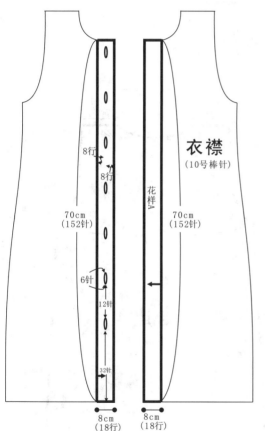

8行
8行

衣襟
(10号棒针)

70cm (152针)

花样A

70cm (152针)

6针

12针

32针

8cm (18行)
8cm (18行)

花样A（双罗纹）

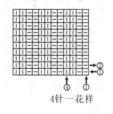

4针一花样

花样B

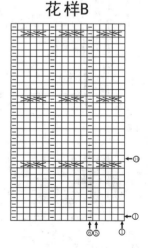

衣襟制作说明

1. 棒针编织法，用10号棒针。

2. 衣襟的编织。挑针起织花样A双罗纹针，挑152针，来回编织，不加减针织18行的高度，收针断线。右衣襟要制作7个扣眼，在第9行里，织完32针时，开始制作扣眼，先将接下来的6针收针，然后继续再织12针双罗纹，再将接下来的6针收针，再继续织12针双罗纹，第3次将接下来的6针收针，如此重复，共制作7个扣眼，返回编织时，当织至收针处，用单起针法，将这些针数重起，即起6针，再接上双罗纹编织，同样的方法编织余下的扣眼，完成这行扣眼后，再织8行后，收针断线。在左衣襟上，对应右衣襟的位置，钉上扣子。

端庄长袖外套

【成品规格】衣长78cm，袖长68cm，下摆宽58cm
【工　　具】10号棒针
【编织密度】16针×22行=10cm²
【材　　料】浅咖啡色腈纶线780g，纽扣5枚

前片、后片制作说明

1. 棒针编织法，用10号棒针。由左前片、右前片、后片组成，从下往上编织。

2. 前片的编织。由右前片和左前片组成，以右前片为例。

① 起针，双罗纹起针法，起52针，编织花样A双罗纹针，不加减针，织6行的高度。在最后一行时，将双罗纹针的2针上针并为1针，整个织片减少13针，织片余39针。

② 袖隆以下的编织。第7行起，分配成花样B进行棒绞花样编织，右前片的右侧侧缝进行加减针变化，左侧衣襟边不进行加减针。右侧缝加减针的方法是，先织22行减1针，减1次，每织16行减1针，减4次。然后不加减针织32行的高度时，织成118行的高度，至袖隆。左前片的加减针是左侧缝，右侧衣襟不加减针。

③ 袖隆以上的编织。右前片的右边侧缝进行袖隆减针，先平收2针，然后每织6行减2针，减5次。左边衣襟继续编织成

32行时，下一行开始领边减针，从左向右，将5针收针掉，然后每织4行减1针，减3次，不加减针再织4行的高度，余下14针，收针断线。

④ 口袋的编织，编织花样C织片，从袋口起织，起27针，编织花样A双罗纹针，不加减针织12行的高度后，改织棒绞花样，不加减针，织28行的高度后，收针断线，将花样C中所示的三边进行缝合。在前片距离衣摆30行的高度位置进行缝合。相同的方法去制另一前片的袋口。

⑤ 相同的方法去编织左前片。

3. 后片的编织。双罗纹起针法，起124针，编织花样A双罗纹针，不加减针，织6行的高度。在最后一行时，将双罗纹针的2针上针并为1针，整个织片减少31针，织片余93针。然后第7行起，全织下针，两侧缝进行加减针变化，先是织22行减1针，减1次，然后每织16行减1针，减4次，不加减针再织32行，至袖隆，然后袖隆起减针，方法与前片相同。当衣服织至第169行时，中间将27针收针收掉，两边相反方向减针，每织2行减1针，减2次，织成后领边，两肩部余下14针，收针断线。

4. 拼接。将前后片的肩部对应缝合，将两侧缝对应缝合。

符号说明：

□　　　上针
□=☐　　下针

2-1-3　　行-针-次

↑　　　编织方向

左上3针与
右下3针交叉

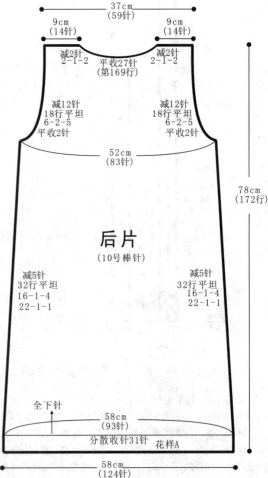

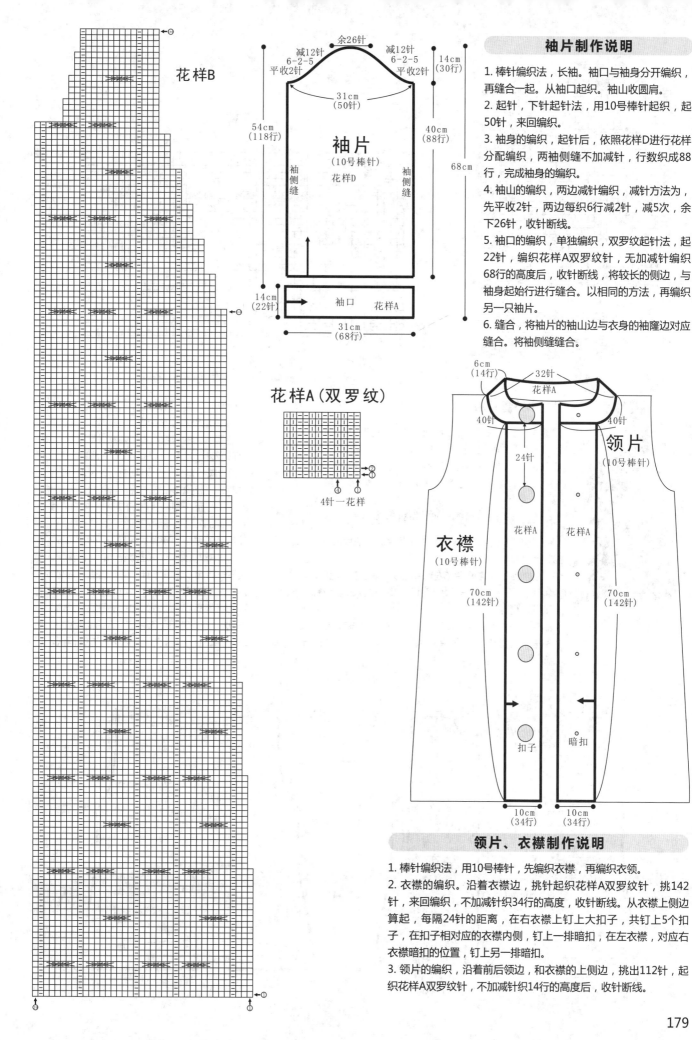

花样B

袖片制作说明

1. 棒针编织法。长袖。袖口与袖身分开编织，再缝合一起。从袖口起织。袖山收圆肩。

2. 起针，下针起针法，用10号棒针起织，起50针，来回编织。

3. 袖身的编织，起针后，依照花样D进行花样分配编织，两袖侧缝不加减针，行数织成88行，完成袖身的编织。

4. 袖山的编织，两边减针编织，减针方法为，先平收2针，两边每织6行减2针，减5次，余下26针，收针断线。

5. 袖口的编织，单独编织，双罗纹起针法，起22针，编织花样A双罗纹针，无加减针编织68行的高度后，收针断线，将较长的侧边，与袖身起始行进行缝合。以相同的方法，再编织另一只袖片。

6. 缝合，将袖片的袖山边与衣身的袖窿边对应缝合。将袖侧缝缝合。

袖片

余26针

减12针
6-2-5
平收2针

减12针
6-2-5
平收2针

14cm（30行）

31cm（50针）

54cm（118行）

40cm（88行）

68cm

袖片
（10号棒针）
花样D

袖侧缝

袖侧缝

14cm（22针）

袖口　花样A

31cm（68行）

花样A（双罗纹）

4针一花样

衣襟

衣襟
（10号棒针）

6cm（14行）

32针
花样A

40针

40针

领片
（10号棒针）

24针

花样A

花样A

70cm（142针）

70cm（142针）

扣子

暗扣

10cm（34行）

10cm（34行）

领片、衣襟制作说明

1. 棒针编织法，用10号棒针，先编织衣襟，再编织衣领。

2. 衣襟的编织。沿着衣襟边，挑针起织花样A双罗纹针，挑142针，来回编织，不加减针织34行的高度，收针断线。从衣襟上侧边算起，每隔24针的距离，在右衣襟上钉上大扣子，共钉上5个扣子，在扣子相对应的衣襟内侧，钉上一排暗扣，在左衣襟，对应右衣襟暗扣的位置，钉上另一排暗扣。

3. 领片的编织，沿着前后领边，和衣襟的上侧边，挑出112针，起织花样A双罗纹针，不加减针织14行的高度后，收针断线。

花样C
(口袋图解)

袋底(缝合)

缝合　　　　　　缝合

袋口

花样D
(袖片图解)

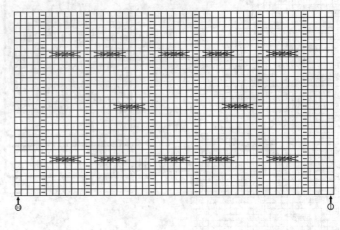

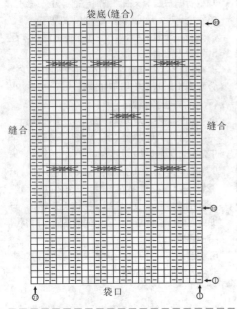

温暖小外套

【成品规格】衣长57cm，袖长56cm，下摆宽50cm

【工　　具】9号棒针

【编织密度】18针×24行=10cm²

【材　　料】咖啡色花色腈纶线650g，领部皮草1条，大扣子8枚

前片、后片制作说明

1. 棒针编织法，用10号棒针。由左前片、右前片和后片组成，从下往上编织。

2. 前片的编织。由右前片和左前片组成，以右前片为例。

① 起针，双罗纹起针法，起60针，编织花样A双罗纹针，不加减针织8行的高度。

② 袖隆以下的编织，从第9行起，全织下针，衣襟侧不加减针，右侧缝进行加减针变化，每织6行减1针，减6次，织成36行，不加

减针织32行后，开始加针，每织4行加1针，加3次，织成88行，至袖隆。

③ 袖隆以上的编织，右侧袖隆进行减针，每织6行减2针，减4次，左侧衣襟织成18行后，开始领边减针编织，先收针5针，每织2行减2针，减2次，然后每织2行减1针，减8次，不加减针再织10行后，至肩部，余下18针，收针断线。

④ 相同的方法去编织左前片。

3. 后片的编织。双罗纹起针法，起120针，起织花样A双罗纹针，不加减针织8行的高度。然后下一行起，全织下针，两侧缝进行加减针变化，先是每织6行减1针，减6次，然后不加减针织32行的高度后，开始加针，每织4行加1针，加3次，织成88行，至袖隆，开始袖隆减针，每织6行减2针，减4次，然后不加减针再织20行

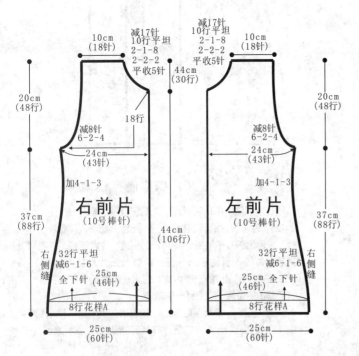

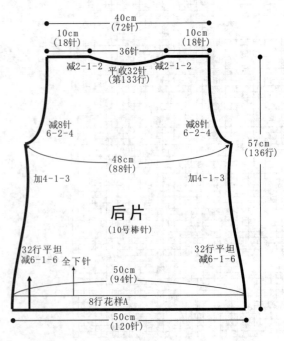

180

后，开始后衣领减针，下一行将中间的32针收针掉，两边相反方向减针，每织2行减1针，减2次，两肩部余下18针，收针断线。

4. 拼接。将前后片的肩部对应缝合，将两片的侧缝进行对应缝合。

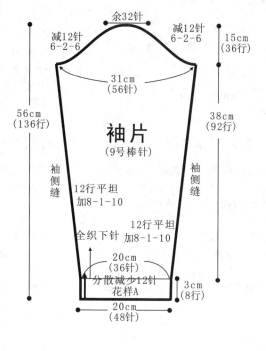

余32针

减12针 6-2-6

减12针 6-2-6

15cm（36行）

31cm（56针）

袖片（9号棒针）

56cm（136行）

38cm（92行）

袖侧缝

袖侧缝

12行平坦 加8-1-10

12行平坦 加8-1-10

全织下针

20cm（36针）

分散减少12针 花样A

3cm（8行）

20cm（48针）

符号说明：

□	上针
□=□	下针
2-1-3	行-针-次
↑	编织方向

袖片制作说明

1. 棒针编织法，长袖。从袖口起织。袖山收圆肩。

2. 起针，双罗纹起针法，用10号棒针起织，起48针，来回编织。不加减针织8行的高度，在第8行里，将2针上针并为1针，织片减少12针，余下36针继续编织。进入下一步袖身的编织。

3. 袖身的编织，从第9行起，全织下针，两袖侧缝加针，每织8行加1针，加10次，织成80行，再织12行后，完成袖身的编织。

4. 袖山的编织，两边减针编织，减针方法为，两边每织6行减2针，减6次，余下32针，收针断线。以相同的方法，再编织另一只袖片。

5. 缝合，将袖片的袖山边与衣身的袖窿边对应缝合。将袖侧缝缝合。

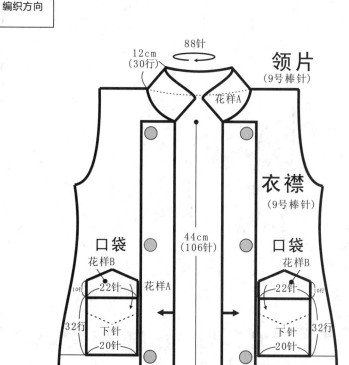

88针

12cm（30行）

花样A

领片（9号棒针）

衣襟（9号棒针）

口袋 花样B

口袋 花样B

44cm（106针）

22针

花样A

22针

10行

10行

下针

32行

下针

32行

20针

20针

12cm（30行）

12cm（30行）

领片、口袋制作说明

1. 棒针编织法，用9号棒针。

2. 领片的编织，沿着前后衣领边，挑出88针，来回编织，编织花样A双罗纹针，不加减针织30行的高度后，收针断线。

3. 衣襟的编织。沿着衣襟边，挑出106针，编织花样A双罗纹针，不加减针织30行的高度后，收针断线，以起始行为对折中心行，向衣身翻折，用3个大扣子，如图所示，将织片钉牢。相同的方法去编织左前片的衣襟。

4. 口袋的编织。单独编织2片，再将之缝在衣身上。起20针，正面全织下针，返回全织上针，不加减针织32行的高度后，将织片的针数加成22针，改织花样B单罗纹针，如图解进行减针编织，完成后，收针断线，将起织行这边和两侧边，作缝合于衣身上的所在边。将袋沿向外翻折，钉上扣子固定。

花样A（双罗纹）

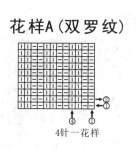

4针一花样

花样B（袋沿图解）

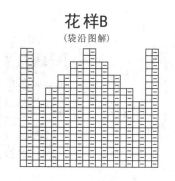

沉静长款大衣

【成品规格】衣长90cm，胸宽67cm，肩宽63cm，袖长31cm，
　　　　　　下摆宽70cm
【工　　具】10号棒针
【编织密度】20针×24.9行=10cm²
【材　　料】浅灰色腈纶线900g

前片、后片制作说明

1. 棒针编织法。用10号棒针。由左前片、右前片、后片组成，从下往上编织。

2. 前片的编织。由右前片和左前片组成，以右前片为例。
① 起针，下针起针法，起54针，编织花样A上针浮针，来回编织。衣襟侧从起织开始就进行减针编织，往上始终是每织16行减2针，减13次，织成208行后，不再减针，再织16行后，至肩部。
而右侧缝在袖窿下的加减针变化是，从起织开始，先是每36行减2针，减3次，然后不加减针再织20行后，开始加针，每织12行加

1针，加3次，至袖窿。袖窿是收针4针后，不再加减针，而衣襟侧继续进行减针编织，从袖窿起，织成60行后，至肩部，余下21针，收针断线。
② 相同的方法去编织左前片。

3. 后片的编织。下针起针法，起140针，编织花样A，两侧缝进行加减针变化，先是织36行减2针，减3次，不加减针再织20行，然后每织12行加1针，加3次，织成164行的花样A，至袖窿，然后袖窿起减针，方法与前片相同。各收针4针，当衣服织至第217行时，中间将66针收针收掉，两边相反方向减针，每织2行减2针，减2次，每织2行减1针，减2次，织成后领边，两肩部余下24针，收针断线。

4. 拼接。将前后片的肩部对应缝合，将两侧缝对应缝合。

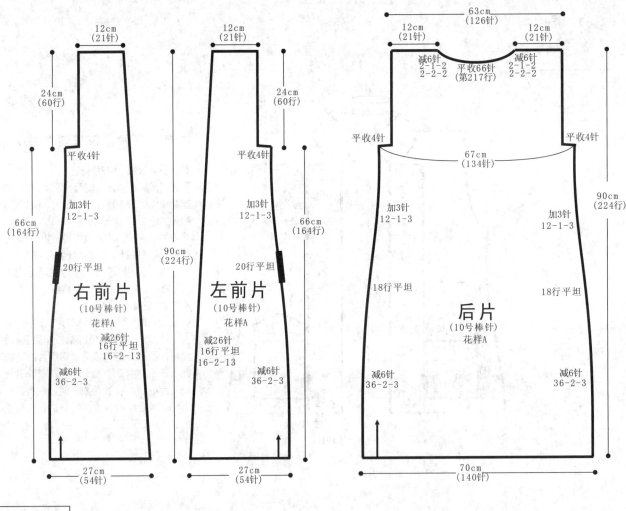

右前片
（10号棒针）
花样A
减26针
16行平坦
16-2-13
减6针
36-2-3
12cm（21针）
24cm（60行）
平收4针
加3针 12-1-3
20行平坦
66cm（164行）
90cm（224行）
27cm（54针）

左前片
（10号棒针）
花样A
减26针
16行平坦
16-2-13
减6针
36-2-3
12cm（21针）
24cm（60行）
平收4针
加3针 12-1-3
20行平坦
66cm（164行）
90cm（224行）
27cm（54针）

后片
（10号棒针）
花样A
63cm（126针）
12cm（21针）
12cm（21针）
减6针 2-1-2 2-2-2
平收66针（第217行）
减6针 2-1-2 2-2-2
平收4针
平收4针
67cm（134针）
加3针 12-1-3
18行平坦
90cm（224行）
减6针 36-2-3
70cm（140针）

符号说明：

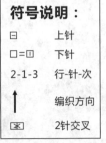

□　　　　上针
□=□　　 下针
2-1-3　 行-针-次
↑　　　　编织方向
⊠　　　　2针交叉

花样A

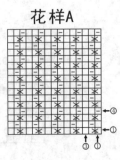

花样B（单罗纹）

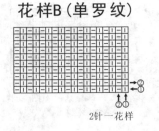

2针一花样

182

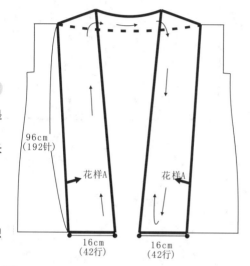

左后袖片

6针

37cm（92行）

18.5cm（46行）

加30针
2-1-22
1-4-2

花样A（10号棒针）

18.5cm（46行）

6cm（12针）

花样B →

18cm（36针）

24cm（48针）　7cm（18行）

左前袖片

左前袖片（10号棒针）花样A

18.5cm（46行）

花样B →

18cm（36针）

37cm（92行）

加30针
2-1-22
1-4-2

6cm（12针）

18.5cm（46行）

6针

袖片制作说明

1. 棒针编织法，中长袖。从腋下起织。袖中轴线收针，由4片袖片组成。

2. 以左前袖片为例，如图，从腋下起织，起6针，右侧不加减针，左侧进行加针编织，先是每织1行向左加针，加4针，加2次，然后每织2行加1针，加22次，织成46行时，一次性向左加出12针的长度，织片针数加成48针，这个针数是袖身的宽度针数，不加减针再织46行后，收针断线。以相同的方法，但加针的方法与前袖片呈对称性，织成后袖片后，将两片的袖中轴线与腋下线对应缝合。

3. 袖口的编织，织成袖身后，沿着袖口挑针，挑出72针，编织花样B单罗纹针，不加减针织成18行的高度后，收针断线。

4. 相同的方法去编织右袖片。

5. 缝合，将袖片的袖山边与衣身的袖窿边对应缝合。

领片、衣襟、系带制作说明

1. 棒针编织法，用10号棒针，领片与衣襟是作一片编织的。

2. 简单地说，领片与衣襟就是由一长方形长条织片形成的，沿着左右衣襟边，后领边，挑针起织花样A，不加减针织42行的高度后，收针断线。

3. 系带的编织，用浅灰色线编织。起16针。来回编织花样B单罗纹针，不加减针，织400行的长度后，收针断线。衣服完成。

96cm（192针）

花样A

16cm（42行）　16cm（42行）

150cm（400行）

4cm（16针）

花样B

系带（10号棒针）

娴雅长袖开衫

【成品规格】衣长64cm，下摆宽42cm，袖长60cm

【工　　具】10号棒针

【编织密度】14针×20行＝10cm²

【材　　料】杏色棉线500g

前片、后片制作说明

1. 棒针编织法，袖窿以下一片编织完成，袖窿起分为左前片、右前片、后片来编织。织片较大，可采用环形针编织。

2. 起织，双罗纹针起针法，起122针，起织花样A，织8行后，改织花样B与花样C组合，中间织58针花样B，两侧各织32针花样C，重复往上织至90行，从第91行起将织片分片，分为右前片、左前片和后片，右前片与左前片各取32针，后片取58针编织。先编织后片，而右前片与左前片的针眼用防解别针扣住，暂时不织。

3. 分配后片的针数到棒针上，起织时两侧同时减针织成袖窿，减针方法为1-2-1、2-1-2，两侧针数各减少4针，余下针数继续编织，两侧不再加减针，织至第125行时，中间留取18针不织，用防解别针扣住，两端相反方向减针编织，各减少2针，方法为2-1-2，最后两肩部余下14针，收针断线。

4. 起织右前片织花样C，左侧为衣襟边，不加减针编织，右侧要减针织成袖窿，减针方法为1-2-1、2-1-2，针数减少4针，余下针数继续编织至128行，织片右侧14针与后片肩部14针对应缝合，左侧14针用防解别针扣住，留待编织衣领。

5. 相同方法相反方向编织左前片。

符号说明：

符号	说明
□	上针
□＝□	下针
2-1-3	行-针-次
◙	镂空针
囲	右上1针与左下1针交叉
▣	1针挑起5针，同行5针并1针的结

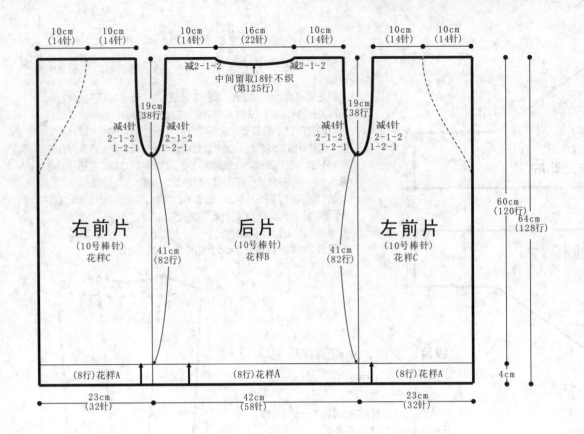

10cm (14针) 10cm (14针) 10cm (14针) 16cm (22针) 10cm (14针) 10cm (14针) 10cm (14针)

减2-1-2 减2-1-2
中间留取18针不织
（第125行）

19cm 38行

减4针 2-1-2 1-2-1　减4针 2-1-2 1-2-1

19cm 38行

减4针 2-1-2 1-2-1　减4针 2-1-2 1-2-1

右前片
（10号棒针）
花样C

后片
（10号棒针）
花样B

左前片
（10号棒针）
花样C

41cm（82行）

41cm（82行）

60cm（120行）
64cm（128行）

（8行）花样A　（8行）花样A　（8行）花样A

4cm

23cm（32针）　42cm（58针）　23cm（32针）

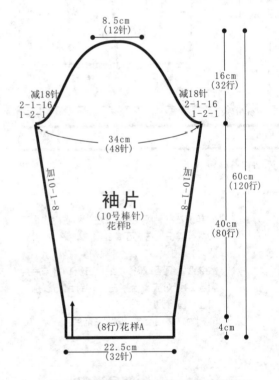

8.5cm（12针）

16cm（32行）

减18针 2-1-16 1-2-1　减18针 2-1-16 1-2-1

34cm（48针）

加10-1-8　加10-1-8

袖片
（10号棒针）
花样B

60cm（120行）

40cm（80行）

（8行）花样A

4cm

22.5cm（32针）

袖片制作说明

1. 棒针编织法，编织两片袖片。从袖口起织。

2. 起32针，织花样A，织8行后，改织花样B，一边织一边两侧加针，方法为10-1-8，织至88行，两侧减针织成袖隆，方法为1-2-1、2-1-16，织至120行，余下12针，收针断线。

3. 同样的方法再编织另一袖片。

4. 缝合方法：将袖山对应前片与后片的袖隆线，用线缝合，再将两袖侧缝对应缝合。

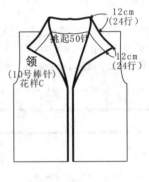

12cm（24行）

挑起50针

领
（10号棒针）
花样C

12cm（24行）

领片制作说明

1. 棒针编织法，沿领口挑织。

2. 起50针，织花样C，不加减针织24行后，收针。

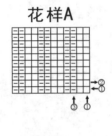

花样A

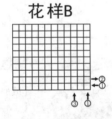

花样B

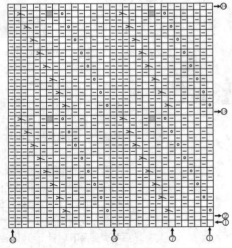

花样C

个性长毛衣

【成品规格】衣长75cm，下摆宽48cm，肩宽36cm，袖长12cm

【工　具】10号棒针

【编织密度】16针×22行=10cm²

【材　料】咖啡色棉线500g

前片、后片制作说明

1. 棒针编织法，衣身分为前片、后片分别编织而成。

2. 起织后片，单罗纹针起针法，起77针，织花样A，织6行，改织花样B，两侧一边织一边减针，方法为20-1-3，减针后不加减针织至122行，两侧同时减针织成袖窿，减针方法为1-4-1、2-1-3，两侧针数各减少7针，余下针继续编织，两侧不再加减针，织至第161行时，中间留起25针不织，两侧减针织成后领，方法为2-1-2，织至164行，两肩部各余下14针，收针断线。

3. 起织前片，单罗纹针起针法，起77针，织花样A，织6行，改为花样B与花样C组合编织，组合方法如结构图所示，两侧一边织一边减针，方法为20-1-3，减针后不加减针织至122行，两侧同时减针织成袖窿，减针方法为1-4-1、2-1-3，两侧针数各减少7针，余下针继续编织，两侧不再加减针，织至第147行时，中间留起9针不织，两侧减针织成前领，方法为2-2-4、2-1-2，织至164行，两肩部各余下14针，收针断线。

4. 将前片的侧缝分别与后片缝合，将左右肩部缝合。

5. 编织腰带。起12针，织花样A，织120cm的长度，收针断线。

6. 裁剪如结构图所示的2片袖片，缝合于两侧袖窿。

符号说明：

□=□ 上针

□ 下针

2-1-3 行-针-次

右上2针与左下2针交叉

左上2针与右下1针交叉

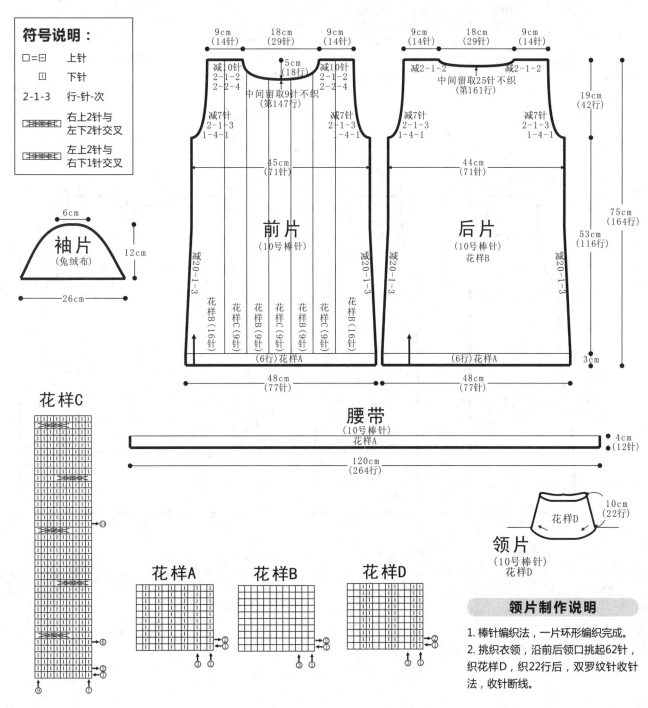

领片制作说明

1. 棒针编织法，一片环形编织完成。

2. 挑织衣领，沿前后领口挑起62针，织花样D，织22行后，双罗纹针收针法，收针断线。

185

典雅长款毛衣

【成品规格】衣长74cm，袖长44.5cm，下摆宽60cm
【工　　具】10号棒针
【编织密度】18.5针×24.75行=10cm²
【材　　料】浅灰色腈纶线750g，大扣子3枚

前片、后片制作说明

1. 棒针编织法，用10号棒针。由左前片、右前片、后片组成，从下往上编织。

2. 前片的编织。由右前片和左前片组成，以右前片为例。

① 起针，双罗纹起针法，起66针，编织花样A双罗纹针，不加减针，织4行的高度。在最后一行时，将双罗纹针的2针上针并为1针，整个织片减少16针，织片余50针。

② 袖窿以下的编织。第5行起，全织下针，右侧侧缝进行加减针变化，左侧衣襟边不进行加减针。右侧缝加减针的方法是，先织8行减1针，减8次，不加减针织8行的高度时，织成72行，下一行起，改织花样A双罗纹针，不加减针织16行的高度后，下一行起，全织下针，不加减针织38行时，至袖隆。左前片的加减针是左侧缝，右侧衣襟不加减针。

③ 袖窿以上的编织。袖窿与衣襟同时减针变化，袖窿减针，每织6行减2针，减4次。衣襟减针，每织4行减1针，减12次，不加减针再织8行后，至肩部，余下22针，收针断线。

④ 相同的方法去编织左前片。

3. 后片的编织。双罗纹起针法，起148针，编织花样A双罗纹针，不加减针，织4行的高度。在最后一行时，将双罗纹针的2针上针并为1针，整个织片减少37针，织片余下111针。然后第5行起，全织下针，两侧缝进行加减针变化，织8行减1针，减8次，不加减针再织8行，织成72行，下一行起改织花样A双罗纹针，不加减针织16行的高度，下一行起至肩部全织下针，不加减针再织38行后，至袖隆。然后袖隆起减针，方法与前片相同。减针后，不加减针织至第183行时，中间将27针收针，两边相反方向减针，每织2行减2针，减2次，两肩部余下22针，收针断线。

4. 拼接。将前后片的肩部对应缝合，将两侧缝对应缝合。

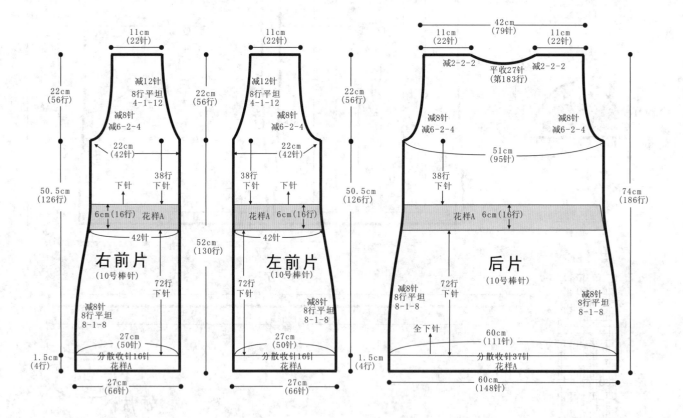

右前片（10号棒针）

11cm（22针）
22cm（56行）
减12针　8行平坦　4-1-12
减8针　减6-2-4
22cm（42针）
38行　下针
6cm（16行）花样A
42针
50.5cm（126行）
52cm（130行）
72行　下针
减8针　8行平坦　8-1-8
27cm（50针）
1.5cm（4行）
分散收针16针　花样A
27cm（66针）

左前片（10号棒针）

11cm（22针）
22cm（56行）
减12针　8行平坦　4-1-12
减8针　减6-2-4
22cm（42针）
38行　下针
花样A　6cm（16行）
42针
50.5cm（126行）
72行　下针
减8针　8行平坦　8-1-8
27cm（50针）
1.5cm（4行）
分散收针16针　花样A
27cm（66针）

后片（10号棒针）

42cm（79针）
11cm（22针）　11cm（22针）
减2-2-2　平收27针（第183行）　减2-2-2
减8针　减6-2-4
51cm（95针）
38行　下针
花样A　6cm（16行）
74cm（186行）
减8针　8行平坦　8-1-8
全下针
60cm（111针）
分散收针37针　花样A
60cm（148针）

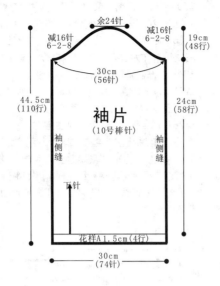

余24针

减16针
6-2-8

减16针
6-2-8

19cm
(48行)

30cm
(56针)

44.5cm
(110行)

24cm
(58行)

袖片
(10号棒针)

袖侧缝

袖侧缝

下针

花样A 1.5cm(4行)

30cm
(74针)

袖片制作说明

1. 棒针编织法，中长袖。从袖口起织。袖山收圆肩。

2. 起针，双罗纹起针法，用10号棒针起针，起74针，来回编织。

3. 袖口的编织，起针后，编织花样A双罗纹针，无加减针编织4行的高度后，在最后一行里，将2针上针并为1针，织片余下56针，进入下一步袖身的编织。

4. 袖身的编织，从第5行起，全织下针，两袖侧缝不加减针，行数织成58行，完成袖身的编织。

5. 袖山的编织，两边减针编织，减针方法为，两边每织6行减2针，减8次，余下24针，收针断线。以相同的方法，再编织另一只袖片。

6. 缝合，将袖片的袖山边与衣身的袖窿边对应缝合。将袖侧缝缝合。

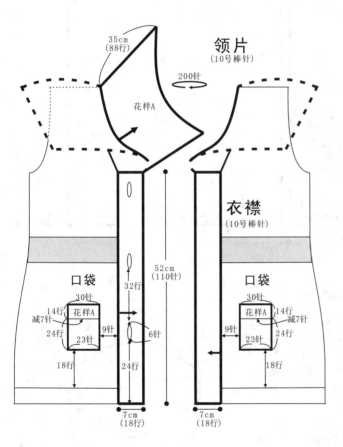

35cm
(88行)

领片
(10号棒针)

200针

花样A

衣襟
(10号棒针)

52cm
(110针)

32行

24行

6针

口袋

口袋

30针

30针

花样A

花样A

14行
减7针

14行
减7针

24行

23针

23针

24行

9针

9针

18行

18行

7cm
(18行)

7cm
(18行)

领片、衣襟、口袋制作说明

1. 棒针编织法，用10号棒针，先编织衣襟，再编织衣领。

2. 衣襟的编织。从衣摆至领边减针处，为衣襟编织处。挑针起织花样A双罗纹针，挑110针，来回编织，不加减针织18行的高度，收针断线。右衣襟要制作3个扣眼，在第9行里，织完24针时，开始制作扣眼，先将接下来的6针收针，然后继续再织32针单罗纹，再将接下来的6针收针，再继续织32针双罗纹，第3次将接下来的6针收针，如此重复，共制作3个扣眼，返回编织时，当织至收针处，用单起针法，将这些针数重起，即起6针，再接上双罗纹编织，完成这行扣眼后，再织8行后，收针断线。在左衣襟上，对应右衣襟的位置，钉上扣子。

3. 领片的编织，沿着前后衣领边，挑出200针，来回编织，编织花样A双罗纹针，不加减针织88行的高度后，收针断线。将与衣襟的上侧边相对应的位置缝合。

4. 编织2个口袋，下针起针法，起30针，起织花样A双罗纹针，不加减针织14行的高度，在最后一行里，将2针上针并为1针，减少7针，针数余下23针下一行起，正面全织下针，返回全织上针，不加减针编织24行的高度后，收针断线，将其中三边缝合于前片衣摆上边，相同的方法，再制作另一个口袋，缝于另一前片，相同的位置上。

花样A（双罗纹）

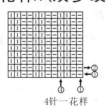

4针一花样

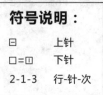

淡雅翻领大衣

【成品规格】衣长73cm，下摆宽54cm，
　　　　　　袖长36cm
【工　　具】12号棒针
【编织密度】28针×36行=10cm²
【材　　料】灰色羊毛线650g

前片、后片、口袋制作说明

1. 棒针编织法，衣身分为左前片、右前片、后片分别编织而成。
2. 起织后片，单罗纹针起针法，起152针，织花样A，织8行，改织花样B，织至194行，两侧同时减针织成袖窿，减针方法为1-4-1、2-1-8，两侧

针数各减少12针，余下针继续编织，两侧不再加减针，织至第259行时，中间留起46针不织，两侧减针织成后领，方法为2-1-2，织至262行，两肩部各织下39针，收针断线。
3. 起织左前片，单罗纹针起针法，起82针，织花样A，织8行，右侧12针作为衣襟，继续织花样A，其余针数改织花样B，织至194行，左侧减针织成袖窿，减针方法为1-4-1、2-1-8，共减少12针，余下针继续编织，两侧不再加减针，织至第226行时，第227行起右减减针织成前领，方法为1-6-1、2-2-5、2-1-3，织至262行，织片余下39针，收针断线。
4. 同样方法相反方向编织右前片。完成后将左右前片的侧缝分别与后片缝合，将左右肩部缝合。
5. 编织口袋片。起34针织花样B，织44行后，改织花样A，织至52行，收针断线。将织片缝合于左前片图示位置。同样方法编织右口袋片。

符号说明：

□　　　　上针
□=□　　　下针
2-1-3　　行-针-次

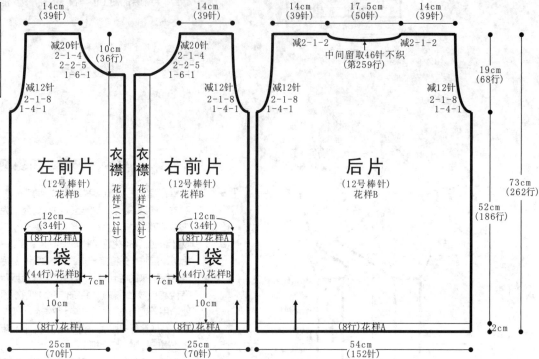

袖片制作说明

1. 棒针编织法，编织两片袖片。从袖口起织。
2. 起80针，织花样A，织28行后，改织花样B，两侧一边织一边加针，方法为10-1-8，织至114行，织片变成96针，两侧减针织成袖窿，方法为1-4-1、2-2-11，织至136行，余下44针，收针断线。
3. 同样的方法再编织另一袖片。
4. 缝合方法：将袖山对应前片与后片的袖窿线，用线缝合，再将两袖侧缝对应缝合。

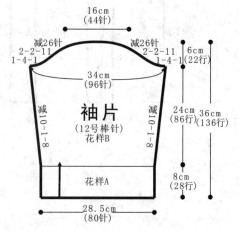

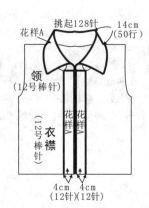

领片制作说明

1. 编织衣领，沿领口及衣襟上边沿挑针起织，挑起128针织花样A，织50行后，收针断线。

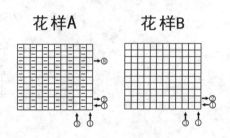

花样A　　　　花样B

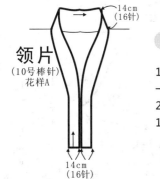

黑色韩版针织衫

【成品规格】衣长67cm，下摆宽46.5cm，
　　　　　　袖长59cm
【工　具】10号棒针
【编织密度】12针×16行=10cm²
【材　料】黑色棉线550g

前片、后片制作说明

1. 棒针编织法，袖窿以下一片编织，袖窿起分为左前片、右前片和后片分别编织。

2. 起织，起124针，织花样A，织6行后与起针合并成双层衣摆，继续往上编织花样A，织至72行，将

织片分成左前片、后片和右前片，分别编织，先织后片56针，左前片和右前片各34针收针。

3. 起织后片，分配后片的56针到棒针上，起织时两侧同时减针织成袖窿，方法为1-2-1、2-1-3，两侧各减5针，织至104行，第105行中间留起20针不织，两侧减针织成后领，方法为2-1-2，织至108行，两侧各余下11针，收针断线。

4. 起织左前片，左前片的右侧为衣襟侧，将左前片下摆织片缩皱成20cm的宽度，沿边挑针起织，挑起24针织花样B，一边织一边左侧减针织成袖窿，方法为1-2-1、2-1-3，织14行后，右侧减针织成前领，方法为2-1-8，织至36行，织片余下11针，收针断线。

5. 同样的方法相反方向编织右前片。完成后将两肩部缝合。

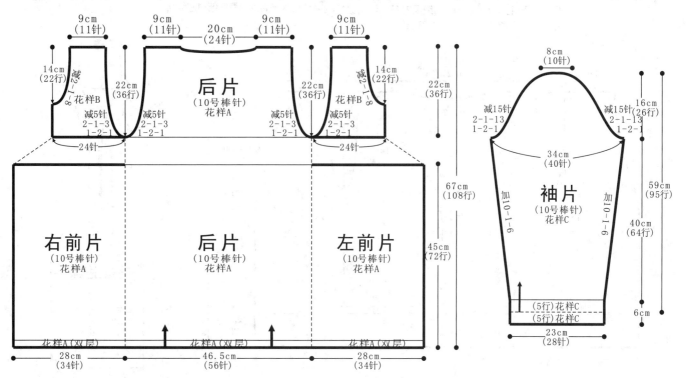

领片制作说明

1. 棒针编织法，编织领片，完成后一侧与后领及左右前片侧缝合。

2. 起16针，织花样A，不加减针织184行后，收针断线。

袖片制作说明

1. 棒针编织法，编织两袖片。从袖口起织。

2. 起28针，织花样C，织10行后，与起针合并成双层袖口，继续织花样C，一边织一边两侧加针，方法为10-1-6，织至69行，两侧减针织成袖窿，方法为1-4-1、2-1-13，织至95行，余下10针，收针断线。

3. 同样的方法再编织另一袖片。

4. 缝合方法：将袖山对应前片与后片的袖窿线，用线缝合，再将两袖侧缝对应缝合。

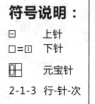

符号说明：

□　上针
□ = □　下针
田　元宝针
2-1-3　行-针-次

189

秀美长袖开衫

【成品规格】衣长50cm，下摆宽42cm，
　　　　　　袖长62cm
【工　　具】11号棒针
【编织密度】20针×28行=10cm²
【材　　料】灰色棉线500g

前片、后片制作说明

1. 棒针编织法，袖窿以下一片编织完成，袖窿起分为左前片、右前片、后片来编织。织片较大，可采用环形针编织。
2. 起织，单罗纹针起针法，起156针，起织花样A，共织18行，改织花样C，织至22行，然后改织花样B，重复往上编织至72行，两侧开始前领减针，方法为6-1-10，织至86行，从第87行起将织片分片，分为右前片、左前片和后片，右前片与左前片各取36针，后片取84针编织。先编织后片，而右前片与左前片的针眼用防解别针扣住，暂时不织。
3. 分配后片的针数到棒针上，用11号针编织，起织时两侧需要同时减针织成袖窿，减针方法为1-2-1、2-1-4，两侧针数各减少6针，余下针继续编织，两侧不再加减针，织至第137行时，中间留取28针不织，用防解别针扣住，两端相反方向减针编织，各减少2针，方法为2-1-2，最后两肩部余下20针，收针断线。
4. 左前片与右前片的编织，两者编织方法相同，但方向相反，以右前片为例，右前片的左侧为衣襟边，起织时继续6-1-10减针，右侧要减针织成袖窿，减针方法为1-2-1、2-1-4，针数减少6针，余下针数继续编织至140行，织完余下20针，收针断线。
5. 前片与后片的两肩部对应缝合。

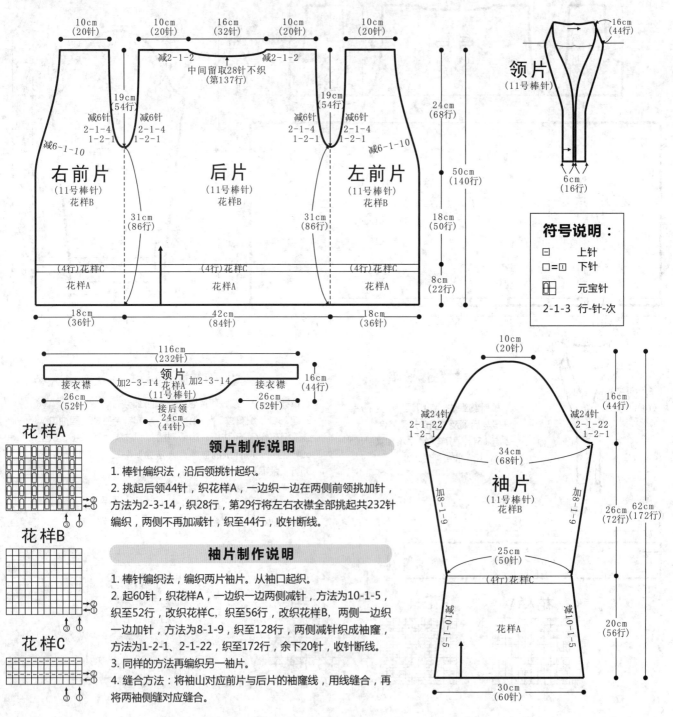

符号说明：

日	上针
口=回	下针
圕	元宝针
2-1-3	行-针-次

花样A

花样B

花样C

领片制作说明

1. 棒针编织法，沿后领挑针起织。
2. 挑起后领44针，织花样A，一边织一边在两侧前领挑加针，方法为2-3-14，织28行，第29行将左右衣襟全部挑起共232针编织，两侧不再加减针，织至44行，收针断线。

袖片制作说明

1. 棒针编织法，编织两片袖片。从袖口起织。
2. 起60针，织花样A，一边织一边两侧减针，方法为10-1-5，织至52行，改织花样C，织至56行，改织花样B，两侧一边织一边加针，方法为8-1-9，织至128行，两侧减针织成袖窿，方法为1-2-1、2-1-22，织至172行，余下20针，收针断线。
3. 同样的方法再编织另一袖片。
4. 缝合方法：将袖山对应前片与后片的袖窿线，用线缝合，再将两袖侧缝对应缝合。

艳丽长款毛衣

【成品规格】衣长86cm，袖长65.5cm，
　　　　　　下摆宽50cm
【工　　具】10号棒针
【编织密度】20.5针×24行=10cm²
【材　　料】大红色纯棉线800g

前片、后片制作说明

1. 棒针编织法，用10号棒针。由左前片、右前片、后片组成，从下往上编织。

2. 前片的编织。由右前片和左前片组成，以右前片为例。

① 起针，双罗纹起针法，起50针，编织花样A双罗纹针，不加减针，织20行的高度。在最后一行时，将双罗纹针的2针上针并为1针，整个织片减少12针，织片余38针。

② 袖窿以下的编织。第21行起，分配成花样B进行棒绞花样编织，织成68行，在最后一行里，将图解所示的23针收针掉，在编织第69行时，用单起针法，起23针，接上棒针上的没有收针的针数，作一片编织，如此形成的孔就是袋口。织成袋口后，继续往上编织花样B的棒绞花样。在编织过程，右前片的右侧侧缝进行加减针变化，左侧衣襟边不进行加减针。右侧缝加减针的方法是，先织16行减1针，减1次，每织10行减1针，减9次。每织4行加1针加5次，织成126行的高度，至袖窿。左前片的加减针是左侧缝，右侧衣襟不加减针。

③ 袖窿以上的编织。右前片的右侧侧缝进行袖窿减针，每织6行减2针，减4次。左边衣襟继续编织成30行时，下一行开始领边减针，从左向右，将12针收针掉，然后不加减针织成18行的高度，余下13针，收针断线。

④ 口袋的编织，编织一双罗纹花样织片，起24针，编织花样A双罗纹针，不加减针织10行的高度后，将最后一行与前片的袋口进行缝合。在口袋里面，制作一个内袋缝上袋口。相同的方法去制作另一前片的袋口。

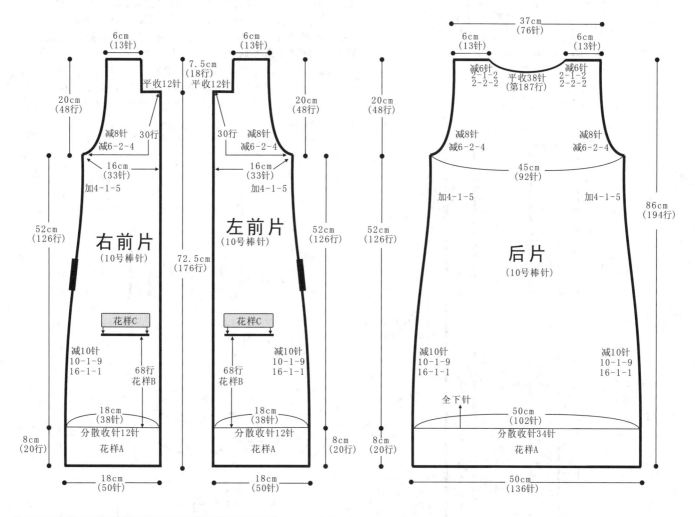

⑤ 相同的方法去编织左前片。

3. 后片的编织。双罗纹起针法，起136针，编织花样A双罗纹针，不加减针，织20行的高度。在最后一行时，将双罗纹针的2针上针并为1针，整个织片减少34针，织片余下102针。然后第21行起，全织下针，两侧缝进行加减针变化，先是织16行减1针，减1次，然后每织10行减1针，减9次，每织4行加1针，加5次。至袖窿，然后袖窿起减针，方法与前片相同。当衣服织至第187行时，中间将38针收针收掉，两边相反方向减针，每织2行减2针，减2次，每织2行减1针，减2次，织成后领边，两肩部余下13针，收针断线。

4. 拼接。将前后片的肩部对应缝合，将两侧缝对应缝合。

符号说明：

□	上针	☑	右并针
□=☒	下针	⊡	镂空针

2-1-3　行-针-次

左上3针与右下3针交叉

左上4针与右下4针交叉

↑　编织方向

191

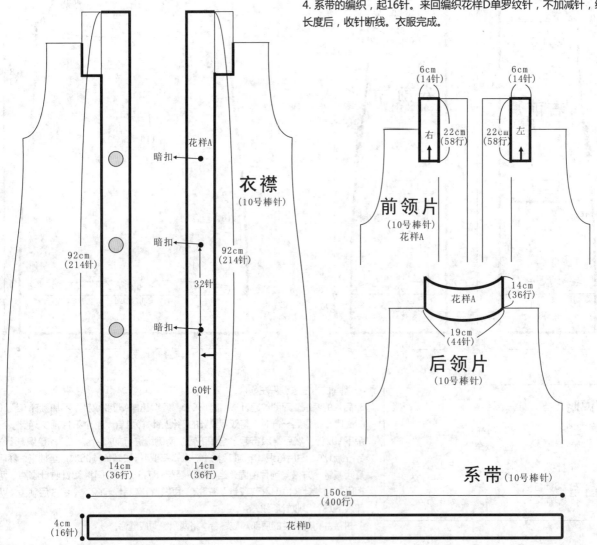

余28针

减16针
6-2-8

减16针
6-2-8

20cm
(48行)

30cm
(60针)

65.5cm
(158行)

37.5cm
(90行)

袖片
(10号棒针)

袖
侧
缝

袖
侧
缝

10行平坦
加10-1-8

10行平坦
加10-1-8

花样E

花样A

8cm
(20行)

21.5cm
(44针)

袖片制作说明

1. 棒针编织法，长袖。从袖口起织。袖山收圆肩。

2. 起针，单罗纹起针法，用10号棒针起织，起44针，来回编织。

3. 袖口的编织，起针后，编织花样A双罗纹针，无加减针编织20行的高度后，进入下一步袖身的编织。

4. 袖身的编织，从第21行，依照花样E分配花样编织。两袖侧缝加针，每织10行加1针，加8次，织成80针，再织10行后，完成袖身的编织。

5. 袖山的编织，两边减针编织，减针方法为，每织6行减2针，减8次，余下28针，收针断线。以相同的方法，再编织另一只袖片。

6. 缝合，将袖片的袖山边与衣身的袖窿边对应缝合。将袖侧缝缝合。

领片、衣襟、系带制作说明

1. 棒针编织法，用10号棒针，先编织衣领，再编织衣襟。

2. 领片的编织，领片分成前面左右两个领片和后面的一个领片。3片各自单独编织，先编织后片，沿着后衣领边，挑出44针，编织花样A双罗纹针，不加减针织36行的高度后，收针断线。前衣领边呈直角角度边缘，所以沿着短边挑针起织，挑14针，来回编织，编织花样A双罗纹针，不加减针织58行的高度后，即与后领片的高度持平时，收针断线。相同的方法编织另一边的领片，将两个前领片与后领片的侧边进行缝合。

3. 衣襟的编织。沿着衣襟边和前领边的最长侧边，挑针起织花样A双罗纹针，挑214针，来回编织，不加减针织36行的高度后，收针断线。在距衣摆边60针的距离，钉上暗扣，然后相隔32针钉一对暗扣，在右衣襟的暗扣的外侧，钉上3个大扣子。

4. 系带的编织，起16针。来回编织花样D单罗纹针，不加减针，织400行的长度后，收针断线。衣服完成。

花样A

衣襟
(10号棒针)

暗扣

暗扣

暗扣

92cm
(214针)

92cm
(214针)

32针

60针

14cm
(36行)

14cm
(36行)

6cm
(14针)

6cm
(14针)

右

左

22cm
(58行)

22cm
(58行)

前领片
(10号棒针)
花样A

花样A

14cm
(36行)

19cm
(44针)

后领片
(10号棒针)

系带 (10号棒针)

150cm
(400行)

4cm
(16针)

花样D

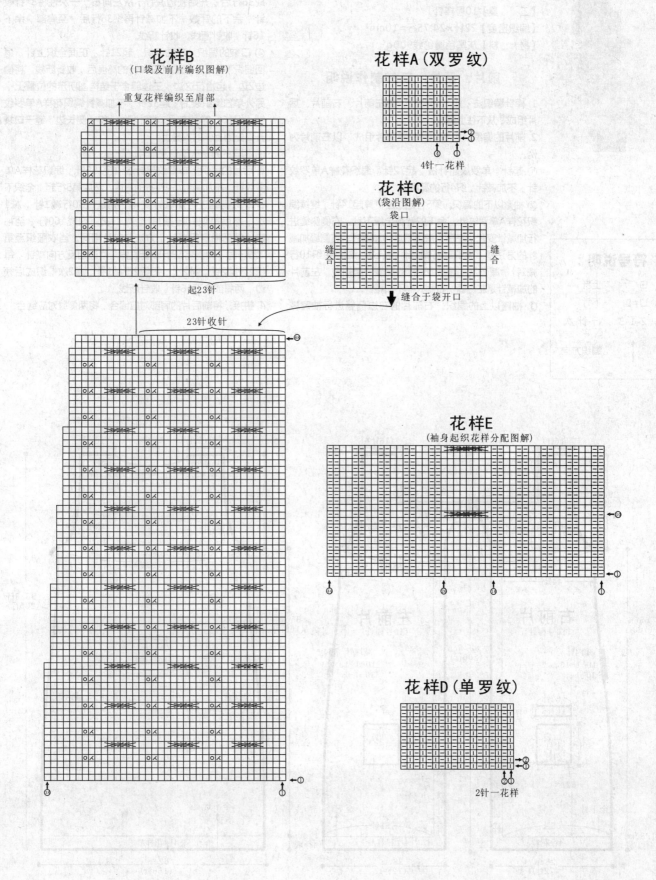

花样B
(口袋及前片编织图解)

重复花样编织至肩部

起23针

23针收针

花样A(双罗纹)

4针一花样

花样C
(袋沿图解)
袋口

缝合   缝合

缝合于袋开口

花样E
(袖身起织花样分配图解)

花样D(单罗纹)

2针一花样

灰色大气长款衣

【成品规格】衣长95.8cm，袖长67.8cm，
　　　　　　下摆宽62cm
【工　　具】10号棒针
【编织密度】22针×24.75行=10cm²
【材　　料】灰黑色腈纶线900g

前片、后片、口袋制作说明

1. 棒针编织法，用10号棒针。由左前片、右前片、后片组成，从下往上编织。

2. 前片的编织。由右前片和左前片组成，以右前片为例。

① 起针，单罗纹起针法，起72针，编织花样A单罗纹针，不加减针，织4行的高度。

② 袖窿以下的编织。第5行起，左侧算起14针，继续编织花样A单罗纹针，余下的针数全织下针。右侧侧缝进行加减针变化，左侧衣襟边不进行加减针。右侧缝加针的方法是，先织30行减1针，减1次，然后每织10行减1针，减13次，织成160行的高度，至袖窿。左前片的加减针是左侧缝，右侧衣襟不加减针。

③ 袖窿以上的编织。右前片的右边侧缝进行袖窿减

针，先每织4行减2针，减2次，然后每织6行减2针，减2次。左边衣襟继续编织成4行时，下一行开始领边加针，加针方法见花样B，加出的花样为单罗纹针，依照图解织成36行后，开始领边减针，从左向右，一次性将34针收针，余下的针数，不加减针再织36行后，至肩部，余下16针，收针断线。收针断线。

④ 口袋的编织，单独编织，起21针，正面全织上针，返回编织下针，不加减针织40行的高度后，收针断线。将侧边2边，起始行这边，三边缝合于结构图所示的位置上，另外单独编织袋沿，起32针，不加减针编织花样A单罗纹针，织16行的高度后，收针断线，将一侧长边，缝于口袋开口处的上侧的衣身上。

⑤ 相同的方法去编织左前片。

3. 后片的编织。单罗纹起针法，起156针，编织花样A单罗纹针，不加减针，织4行的高度。然后第5行起，全织下针，两侧缝进行加减针变化，先是织30行减1针，减1次，然后每织10行减1针，减13次。织成160行，至袖窿，然后袖窿起减针，方法与前片相同。当衣服织至第229行时，中间将68针收针收掉，两边相反方向减针，每织2行减2针，减2次，每织2行减1针，减2次，织成后领边，两肩部余下16针，收针断线。

4. 拼接。将前后片的肩部对应缝合，将两侧缝对应缝合。

符号说明：

符号	说明
⊟	上针
□=⊡	下针
2-1-3	行-针-次
↑	编织方向

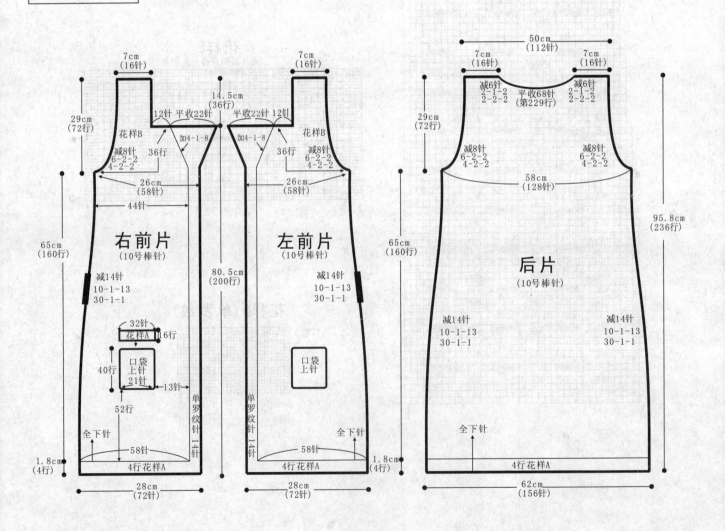

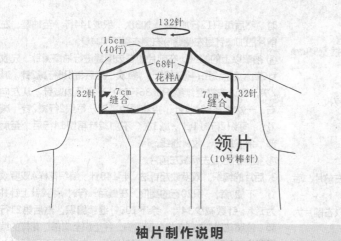

领片
(10号棒针)

132针

15cm
(40行)

68针
花样A

32针   7cm   7cm   32针
       缝合   缝合

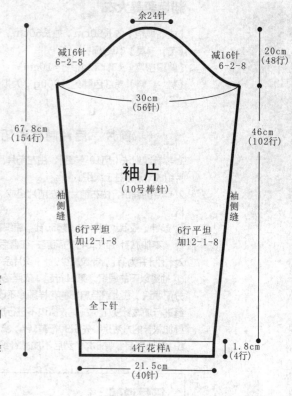

袖片
(10号棒针)

余24针

减16针   减16针
6-2-8   6-2-8   20cm
                            (48行)

30cm
(56针)

67.8cm
(154行)

袖侧缝   袖侧缝

6行平坦   6行平坦   46cm
加12-1-8   加12-1-8   (102行)

全下针

4行花样A   1.8cm
                                  (4行)

21.5cm
(40针)

袖片制作说明

1. 棒针编织法，长袖。从袖口起织。袖山收圆肩。

2. 起针，单罗纹起针法，用10号棒针起织，起40针，来回编织。

3. 袖口的编织，起针后，编织花样A双罗纹针，无加减针编织4行的高度后，进入下一步袖身的编织。

4. 袖身的编织，从第4行，全织下针。两袖侧缝加针，每织12行加1针，加8次，织成96行，再织6行后，完成袖身的编织。

5. 袖山的编织，两边减针编织，减针方法为，每织6行减2针，减8次，余下24针，收针断线。以相同的方法，再编织另一只袖片。

6. 缝合，将袖片的袖山边与衣身的袖窿边对应缝合。将袖侧缝缝合。

150cm
(400行)

4cm
(16针)   花样A

系带(10号棒针)

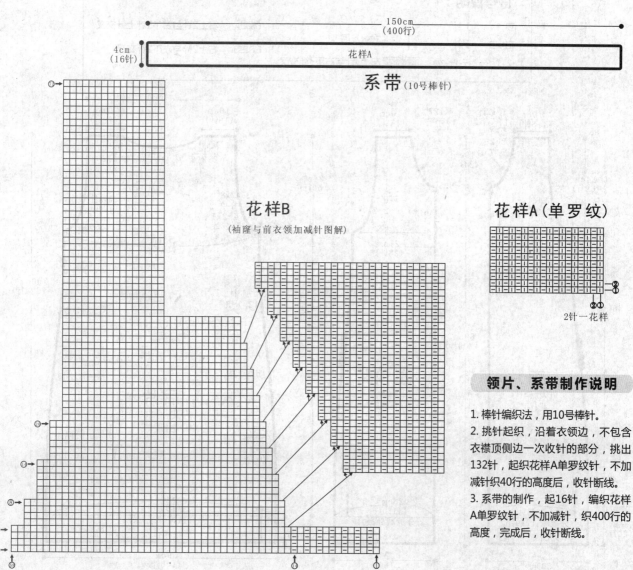

花样B

(袖窿与前衣领加减针图解)

花样A（单罗纹）

2针一花样

领片、系带制作说明

1. 棒针编织法，用10号棒针。

2. 挑针起织，沿着衣领边，不包含衣襟顶侧边一次收针的部分，挑出132针，起织花样A单罗纹针，不加减针织40行的高度后，收针断线。

3. 系带的制作，起16针，编织花样A单罗纹针，不加减针，织400行的高度，完成后，收针断线。

粉色柔美大衣

【成品规格】衣长90cm，袖长60cm，下摆宽59cm

【工　　具】10号棒针

【编织密度】18针×24.9行=10cm²

【材　　料】粉红色腈纶线900g，大扣子7枚

前片、后片制作说明

1. 棒针编织法，用10号棒针。由左前片、右前片、后片组成，从下往上编织。

2. 前片的编织。由右前片和左前片组成，以右前片为例。

① 起针，双罗纹起针法，起50针，编织花样A双罗纹针，不加减针，织20行的高度。在最后一行里，将2针上针并为1针，针数减少9针，织片余下41针。

② 袖窿以下的编织。第21行起，依照花样B进行花样分配编织，往上织至肩部的花样顺序不改变。右侧侧缝进行加减针变化，左侧衣襟边不进行加减针。右侧缝加减针的方法是，先织30行减1针，减1次，然后每织12行减1针，减5次，然后不加减针织18行的高度

时，然后每织12行加1针，加3次，织成144行，至袖窿。左前片的加减针是左侧缝，右侧衣襟不加减针。

③ 袖窿以上的编织。右前片的右边侧缝进行袖窿减针，先收针2针，然后每织4行减2针，减1次，然后每织6行减2针，减2次。左边衣襟继续编织成36行时，开始领边减针，从左向右，一次性将5针收针，接着领边减针，每织2行减2针，减2次，每织2行减1针，减3次，不加减针再织14行后，至肩部，余下18针，收针断线。

④ 相同的方法去编织左前片。

3. 后片的编织。双罗纹起针法，起140针，编织花样A双罗纹针，不加减针，织20行的高度。在最后一行时，将2针上针并为1针，针数减少34针，余下106针继续编织。然后第21行起，依照花样C进行花样分配编织。往上织至肩部，花样的编织顺序不改变。两侧缝进行加减针变化，先是织30行减1针，减1次，然后每织12行减1针，减5次，不加减针再织18行，然后每织12行加1针，加3次，织成144行的花样C，至袖窿，然后袖窿起减针，方法与前片相同。当衣服织至第217行时，中间将36针收针收掉，两边相反方向减针，每织2行减2针，减2次，每织2行减1针，减2次，织成后领边，两肩部余下18针，收针断线。

4. 拼接。将前后片的肩部对应缝合，将两侧缝对应缝合。

符号说明：

□	上针	↑ 编织方向	▨▧▧ 右上2针与左下1针上针交叉
□=回	下针		▨▧▧ 右上2针与左下2针交叉
2-1-3	行-针-次	▧▧▧▧▧▧ 左上3针与右下3针交叉	

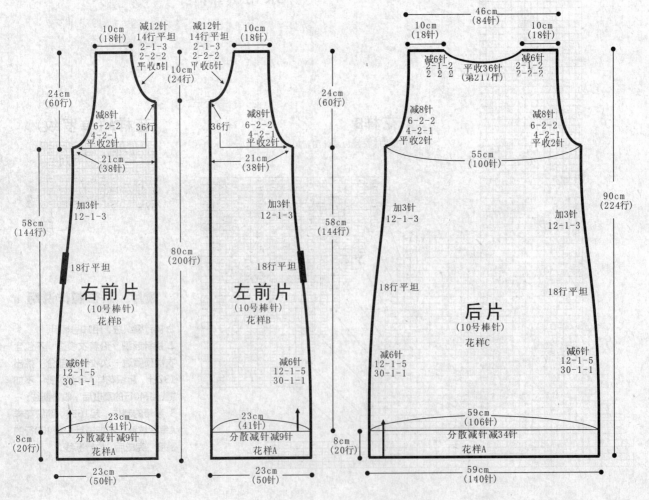

196

袖片制作说明

1. 棒针编织法，长袖。从袖口起织。袖山收圆肩。
2. 起针，双罗纹起针法，用10号棒针起织，起50针，来回编织。
3. 袖口的编织。起针后，编织花样A双罗纹针，无加减针编织20行的高度后，在最后一行里，将2针上针并为1针，一行减少12针，织片余下38针，进入下一步袖身的编织。
4. 袖身的编织，从第21行，依照花样D分配花样编织。两袖侧缝加针，每织16行加1针，加5次，不加减针再织26行后，完成袖身的编织。
5. 袖山的编织，两边减针编织，减针方法为，每织4行减2针，减6次，余下24针，收针断线。以相同的方法，再编织另一只袖片。
6. 缝合，将袖片的袖山边与衣身的袖窿边对应缝合。将袖侧缝缝合。

领片、衣襟、系带制作说明

1. 棒针编织法，用10号棒针，先编织衣襟，再编织衣领。
2. 衣襟的编织。挑针起织花样A双罗纹针，挑152针，来回编织，不加减针织18行的高度，收针断线。右衣襟要制作7个扣眼，在第9行里，织完32针时，开始制作扣眼，先将接下来的6针收针，然后继续再织12针双罗纹，将接下来的6针收针，再继续织12针双罗纹，第3次将接下来的6针收针，如此重复，共制作7个扣眼，返回编织时，当织至收针处，用单起针法，将这些针数起来，即起6针，再接上双罗纹编织，同样的方法编织余下的扣眼，完成这行扣眼后，再织8行后，收针断线。在左衣襟上，对应右衣襟的位置，钉上扣子。
3. 领片的编织，沿着前后衣领边，挑出120针，来回编织，编织花样A双罗纹针，不加减针织36行的高度后，收针断线。
4. 系带的编织，起16针。来回编织花样C单罗纹针，不加减针，织400行的长度后，收针断线。衣服完成。

花样D
(袖片图解)

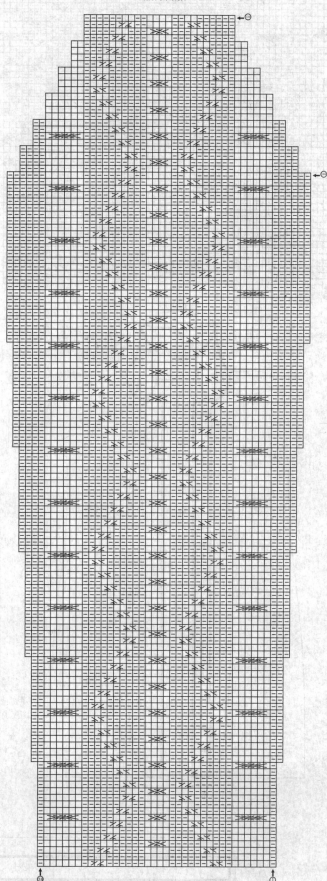

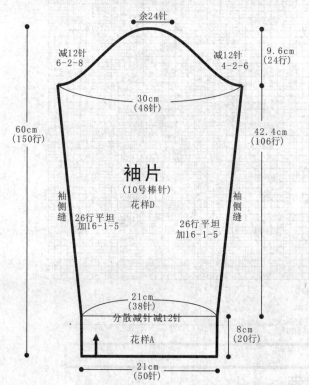

余24针

减12针
6-2-8

减12针
4-2-6

9.6cm
(24行)

30cm
(48针)

60cm
(150行)

42.4cm
(106行)

袖片
(10号棒针)
花样D

袖侧缝

袖侧缝

26行平坦
加16-1-5

26行平坦
加16-1-5

21cm
(38针)

分散减针减12针

花样A

8cm
(20行)

21cm
(50针)

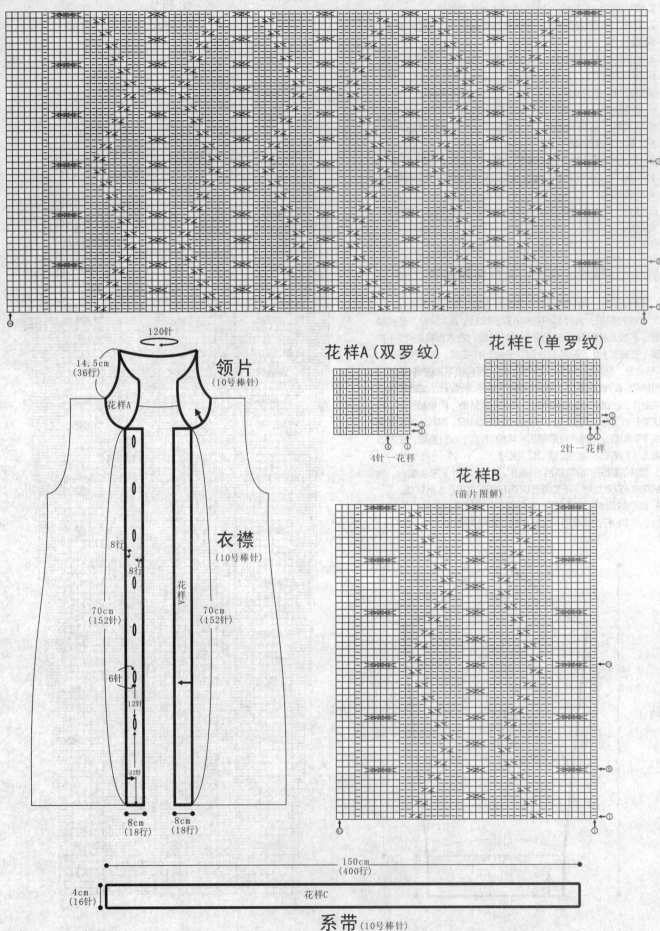

花样C
(后片图解)

花样A（双罗纹）
4针一花样

花样E（单罗纹）
2针一花样

花样B
(前片图解)

120针

14.5cm
(36行)

领片
(10号棒针)

花样A

衣襟
(10号棒针)

花样A

8行

8行

70cm
(152针)

70cm
(152针)

6针

12针

32针

8cm
(18行)

8cm
(18行)

150cm
(400行)

4cm
(16针)

花样C

系带(10号棒针)

粉色秀美长毛衣

【成品规格】衣长90cm，袖长60cm，下摆宽59cm
【工　　具】10号棒针
【编织密度】18针×24.9行＝10cm²
【材　　料】粉红色腈纶线900g，大扣子7枚

前片、后片制作说明

1. 棒针编织法，用10号棒针。由左前片、右前片、后片组成，从下往上编织。

2. 前片的编织。由右前片和左前片组成，以右前片为例。

① 起针，下针起针法，起41针，编织花样A上针浮针，来回编织。

② 袖窿以下的编织。起针后，编织花样A上针浮针花样，往上织至肩部的花样不改变。右侧侧缝进行加减针变化，左侧衣襟边不进行加减针。右侧侧缝加减针的方法是，先织50行减1针，减1次，然后每织12行减1针，减5次，然后不加减针织18行的高度时，每织12行加1针，加3次，织成164行，至袖窿。左前片的加减针是左侧缝，右侧衣襟不加减针。

③ 袖窿以上的编织。右前片的右边侧缝进行袖窿减针，先收针2针，然后每织4行减2针，减1次，然后每织6行减2针，减2次。左边衣襟继续编织成36行

时，开始领边减针，从左向右，一次性将5针收针，接着领边减针，每织2行减2针，减2次，每织2行减1针，减3次，不加减针再织14行后，至肩部，余下18针，收针断线。

④ 相同的方法去编织左片片。

3. 后片的编织下针起针法，起106针，编织花样A上针浮针花样，两侧缝进行加减针变化，先是织50行减1针，减1次，然后每织12行减1针，减5次，不加减针再织18行，然后每织12行加1针，加3次，织成164行的花样C，至袖窿，然后袖窿起减针，方法与前片相同。当衣服织至第217行时，中间将36针收针掉，两边相反方向减针，每织2行减2针，减2次，每织2行减1针，减2次，织成后领边，两肩部余下18针，收针断线。

4. 拼接。将前后片片的肩部对应缝合，将两侧缝对应缝合。

符号说明：

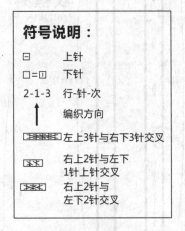

曰	上针
口=口	下针
2-1-3	行-针-次
↑	编织方向
	左上3针与右下3针交叉
	右上2针与左下1针上针交叉
	右上2针与左下2针交叉

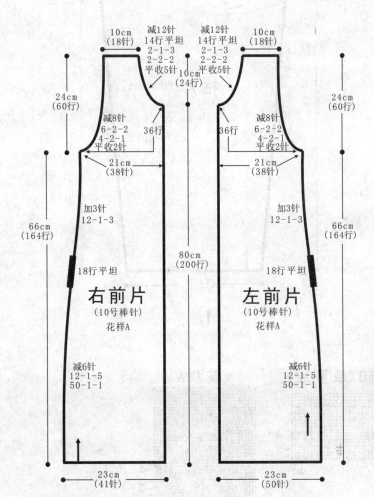

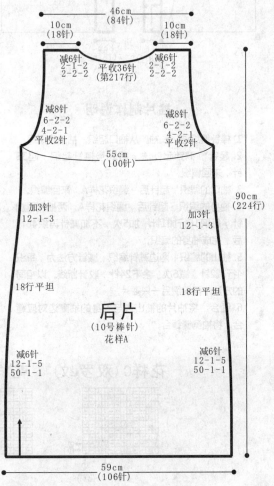

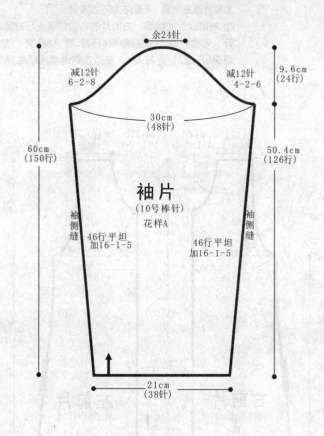

领片、衣襟制作说明

1. 棒针编织法，用10号棒针，先编织衣襟，再编织衣领。
2. 衣襟的编织。挑针起织花样B单罗纹针，挑178针，来回编织，不加减织18行的高度，收针断线。右衣襟要制作7个扣眼，在第9行里，织完38针时，开始制作扣眼，先将接下来的6针收针，然后继续再织18针单罗纹，再将接下来的6针收针，再继续织18针单罗纹，第3次将接下来的6针收针，如此重复，共制作7个扣眼，返回编织时，当织至收针处，用单起针法，将这些针数重起，即织6针，再接上单罗纹编织，同样的方法编织余下的扣眼，完成这行扣眼后，再织8行后，收针断线。在左衣襟上，对应右衣襟的位置，钉上扣子。
3. 领片的编织，沿着前后衣领边，挑出120针，来回编织，编织花样C双罗纹针，不加减针织36行的高度后，收针断线。

袖片制作说明

1. 棒针编织法，长袖。从袖口起织。袖山收圆肩。
2. 起针，下针起针法，用10号棒针起织，起38针，来回编织。
3. 袖口的编织，起针后，编织花样A，来回编织。
4. 袖身的编织，起针后，编织花样A，两袖侧缝加针，每织16行加1针，加5次，不加减针再织46行后，完成袖身的编织。
5. 袖山的编织，两边减针编织，减针方法为，每织4行减2针，减6次，余下24针，收针断线。以相同的方法，再编织另一只袖片。
6. 缝合，将袖片的袖山边与衣身的袖窿边对应缝合。将袖侧缝缝合。

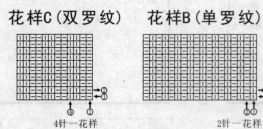

花样C（双罗纹）　　花样B（单罗纹）

4针一花样　　　　2针一花样

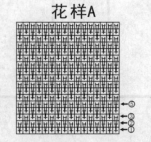

花样A

200

清纯女生外套

【成品规格】衣长44cm，下摆宽53cm，袖长53cm
【工　具】10号棒针
【编织密度】18针×24行＝10cm²
【材　料】淡粉色晴纶线650g，白色人造皮草2m

前片、后片制作说明

1. 棒针编织法，用10号棒针。由左前片、右前片和后片组成，从下往上编织。

2. 前片的编织。由右前片和左前片组成，以右前片为例。

① 起针，下针起针法，起20针，来回编织。

② 袖隆以下的编织，起针后，依照花样A编织花样，右侧缝不加减针，左侧衣襟进行加针编织，每织2行加2针，加12次，加出24针，织片共加成44针，不加减针织46行的高度后，至袖隆。

③ 袖隆以上的编织，右侧袖隆进行减针，每织6行减2针，减4次，左侧衣襟同步进行领边减针编织，每织2行减2针，减2次，然后每织2行减1针，减14次，至肩部，余下18针，收针断线。

④ 相同的方法去编织左前片。

3. 后片的编织。下针起针法，起96针，分配成花样B，共6组花样，每组16针，不加减针编织70行后，至袖隆，开始袖隆减针，每织6行减2针，减4次，然后不加减针再织20行后，开始后衣领减针，下一行将中间的40针收针掉，两边相反方向减针，每织2行减1针，减2次，两肩部余下18针，收针断线。

4. 拼接。将前后片的肩部对应缝合，将两片的侧缝进行对应缝合。

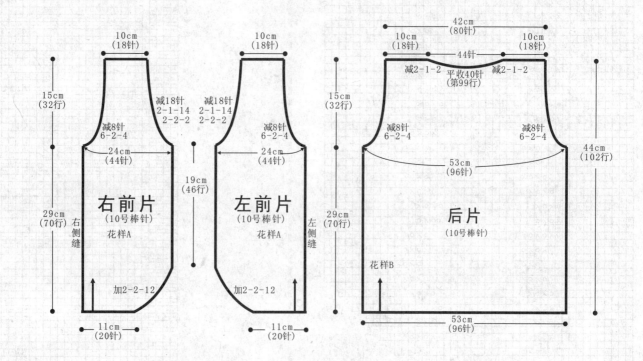

符号说明：

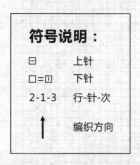

□	上针
口＝□	下针
2-1-3	行-针-次
↑	编织方向

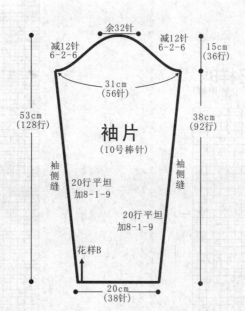

袖片制作说明

1. 棒针编织法，长袖。从袖口起织。袖山收圆肩。

2. 起针，下针起针法，用10号棒针起织，38针，来回编织。

3. 袖身的编织，起针后，分配成花样B，共两组，两袖侧缝加针，每织8行加1针，加9次，织成72行，再织20行后，完成袖身的编织。

4. 袖山的编织，两边减针编织，减针方法为，两边每织6行减2针，减6次，余下32针，收针断线。以相同的方法，再编织另一只袖片。

5. 缝合，将袖片的袖山边与衣身的袖隆边对应缝合。将袖侧缝缝合。

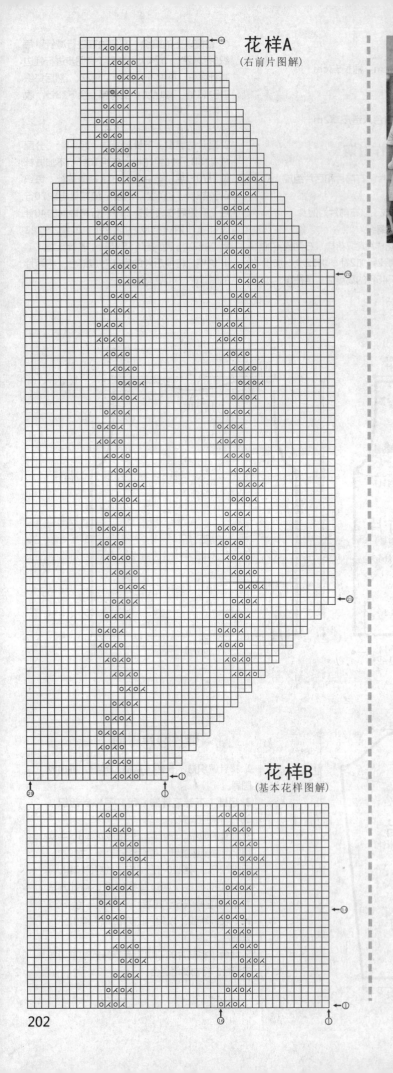

花样A
（右前片图解）

花样B

清雅蝙蝠衫

【成品规格】衣长55cm，下摆宽61cm
【工　　具】8号棒针
【编织密度】14针×18行=10cm²
【材　　料】白色腈纶线650g，大扣子
　　　　　　2枚

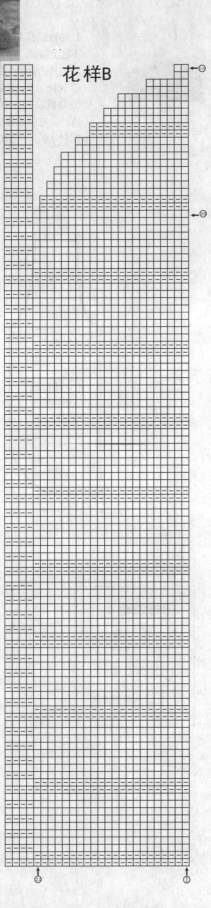

花样B
（基本花样图解）

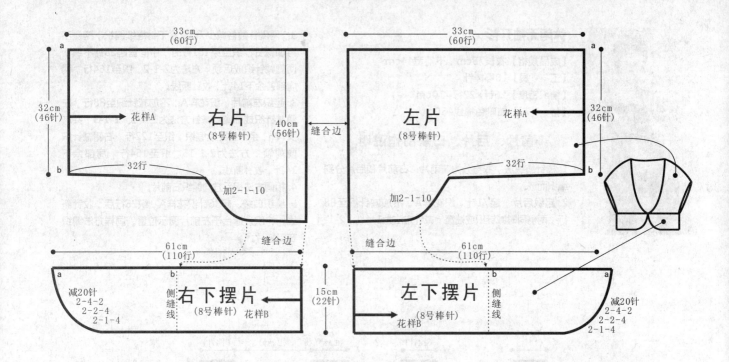

右片
（8号棒针）

33cm
（60行）

a

32cm
（46针）

花样A

b

40cm
（56针）

32行

加2-1-10

缝合边

左片
（8号棒针）

33cm
（60行）

a

花样A

32cm
（46针）

b

32行

加2-1-10

缝合边

缝合边

右下摆片
（8号棒针）
花样B

61cm
（110行）

a

b

减20针
2-4-2
2-2-4
2-1-4

侧缝线

15cm
（22针）

缝合边

左下摆片
（8号棒针）

花样B

61cm
（110行）

b

a

侧缝线

减20针
2-4-2
2-2-4
2-1-4

左片、右片、下摆片制作说明

1. 棒针编织法，用8号棒针。由左片、右片、下摆片组成，从下往上编织。

2. 前片的编织。由右片和左片组成，以右片为例。

① 起针，下针起针法，起66针，编织花样A叶子花，不加减针，织32行的高度。然后下一行，在图解所给出的位置进行加针，每织2行加1针，加10次，织成20行，不加减针再织12行后，收针断线。相同的方法，但加针的位置呈对称性，去编织左片。

② 袖窿以下的编织。第5行起，全织下针。

3. 下摆片的编织。同样分为左右两片各自编织，起22针，起织花样B图解，不加减针织90行后，开始在下侧方向这边进行减针编织，每织2行减1针，减4次，每织2行减2针，减4次，最后是每织2行减4针，减2次，余下6针，织成110行，收针断线。相同的方法，相反的减针方向，去编织左下摆片。

4. 拼接。这件衣服重点在于拼接，如结构图所示，将ab边对应ab边，虚线箭头对应的边，进行缝合，将右片与左片的最后一行收针边，对应缝合，也将下摆片起织行对应缝合，衣服完成。

花样A

符号说明：

□	上针
□=□	下针
2-1-3	行-针-次
↑	编织方向

休闲无袖开衫

【成品规格】衣长75cm，下摆宽44cm

【工　　具】10号棒针

【编织密度】16针×22行=10cm²

【材　　料】咖啡色棉线450g

前片、后片、口袋制作说明

1. 棒针编织法，衣身分为左前片、右前片和后片分别编织而成。

2. 起织后片，起71针，织花样A，不加减针织至88行，两侧同时减针织成袖隆，减针方法为1-4-1、2-1-

3. 两侧针数各减少7针，余下针继续编织，两侧不再加减针，织至第161行时，中间留起25针不织，两侧减针织成后领，方法为2-1-2，织至164行，两肩部各余下14针，收针断线。

3. 起织左前片，织花样A，不加减针织至88行，左侧减针织成袖隆，减针方法为1-4-1、2-1-3，共减少7针，余下针继续编织，织至122行，右侧减针织成前领，方法为2-1-15，织至164行，肩部余下14针，收针断线。

4. 相同方法相反方向编织右前片。

5. 编织口袋。起36针织花样A，织26行后，收针断线。将织片缝合于左前片图示位置。同样方法编织右口袋片。

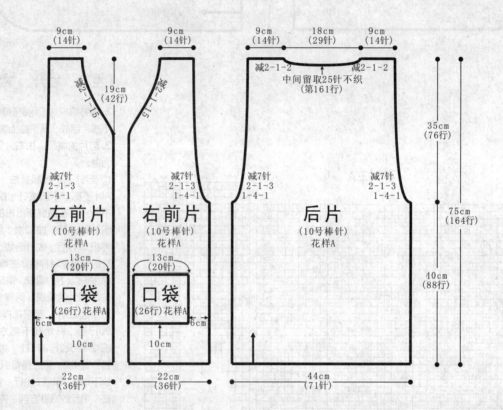

符号说明：

□=□	上针
□	下针
☑	左上2针并1针
⊡	镂空针
2-1-3	行-针-次

花样A

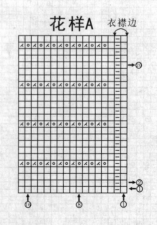

204

温暖对襟外套

【成品规格】 衣长55cm，下摆宽46cm，袖长66cm

【工　具】 10号棒针

【编织密度】 19针×26行=10cm²

【材　料】 灰色羊毛线650g

前片、后片制作说明

1. 棒针编织法，衣身分为左前片、右前片、后片分别编织而成。

2. 起织后片，起88针，起织花样A，织4行，改织花样B，织至12行，改织花样C，两侧一边织一边减针，方法为10-1-4，织至52行，两侧不再加减针，织至94行，两侧同时减针织成袖隆，减针方法为1-4-1、2-1-3，两侧针数各减少7针，余下针数继续编织，两侧不再加减针，织至第141行时，中间留起28针不织，两侧减针织成后领，方法为2-1-2，织至144行，两肩部各余下17针，收针断线。

3. 起织左前片，起40针，起织花样A，织4行，改织花样B，织至12行，改织花样C，左侧一边织一边减针，方法为10-1-4，织至52行，不再加减针，织至94行，左侧减针织成袖隆，减针方法为1-4-1、2-1-3，共减少7针，织至第109行时，右侧减针织成前领，方法为2-1-12，织至144行，织片余下17针，收针断线。

4. 同样方法相反方向编织右前片。完成后将左右前片的侧缝分别与后片缝合，将左右肩部缝合。

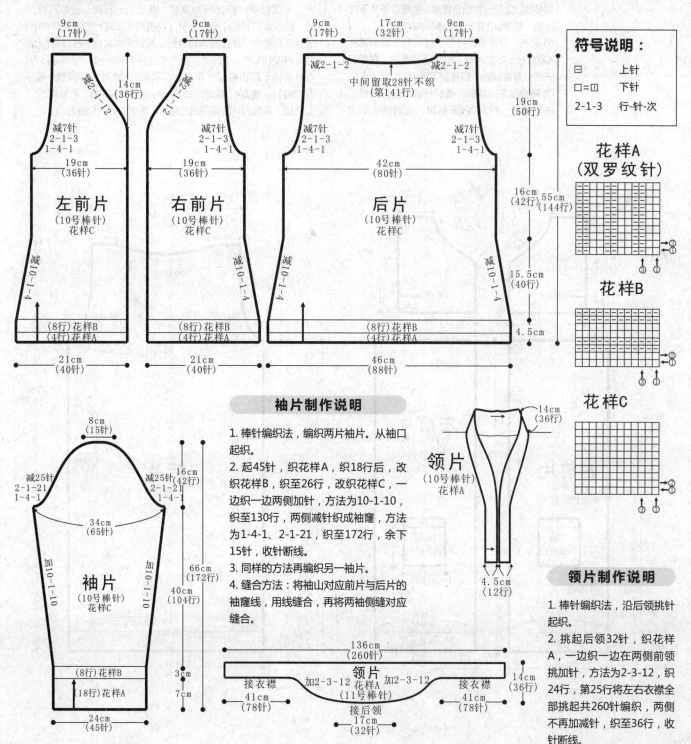

袖片制作说明

1. 棒针编织法，编织两片袖片。从袖口起织。

2. 起45针，织花样A，织18行后，改织花样B，织至26行，改织花样C，一边织一边两侧加针，方法为10-1-10，织至130行，两侧减针织成袖隆，方法为1-4-1、2-1-21，织至172行，余下15针，收针断线。

3. 同样的方法再编织另一袖片。

4. 缝合方法：将袖山对应前片与后片的袖隆线，用线缝合，再将两袖侧缝对应缝合。

符号说明：

□	上针
□=回	下针
2-1-3	行-针-次

花样A（双罗纹针）

花样B

花样C

领片制作说明

1. 棒针编织法，沿后领挑针起织。

2. 挑起后领32针，织花样A，一边织一边在两侧前领挑加针，方法为2-3-12，织24行，第25行将左右衣襟全部挑起共260针编织，两侧不再加减针，织至36行，收针断线。

无袖修身长毛衣

【成品规格】衣长89cm，下摆宽44cm
【工　　具】11号棒针
【编织密度】27针×35行=10cm²
【材　　料】棕色纯棉线750g，大扣子7枚

 前片、后片制作说明

1. 棒针编织法，用11号棒针。由左前片、右前片、后片组成，从下往上编织。

2. 前片的编织。由右前片和左前片组成，以右前片为例。每个前片都是由袖隆以下一片，和袖隆以上的一片组合而成，袖隆以下从下往上织，袖隆以上的一片，横向编织。

① 起针，双罗纹起针法，起72针，编织花样A罗纹针，不加减针，织16行的高度，在最后一行分散减掉18针，织片余下54针。

② 袖隆以下的编织。第17行起，全织上针，不加减针，织210行至袖隆。此时前片织成226行。下一步是袖隆以上的编织。

③ 袖隆以上的编织。单独起针编织，下针起针法，起78针，依照花样B分配好花样进行编织，不加减针织32行后，从右向左减针织衣领边，先平收4针，然后每织2行减2针，共减7次，然后每织2行减1针，共减4次，不加减针再织8行的高度后，收针断线，将不加减的侧边与袖隆以下的织片进行缝合，相同的方法去编织左前片的袖隆以上织片。

④ 编织口袋，起44针，依照花样C分配好花样进行编织，不加减针织50行的高度后，改织双罗纹针，不加减针，织14行后，收针断线，将之与前片近下摆处54行的高度处缝合，作袋口这边不缝合。

⑤ 相同的方法去编织左前片。

3. 后片的编织。双罗纹起针法，起156针，编织花样A双罗纹针，不加减针，织16行的高度。在最后一行时，分散减掉39针，然后第17行起，全织上针，两侧缝无加减针变化，织210行上针后至袖隆，然后袖隆起减针，两边同时减针，各减4针，然后每织6行减2针，减3次，当衣服织至第309行时，中间将37针收针收掉，两边相反方向减针，每织2行减2针，减2次，每织2行减1针，减2次，织成后领边，两肩部余下24针，收针断线。

4. 拼接。将前后片的肩部对应缝合，将两侧缝对应缝合。

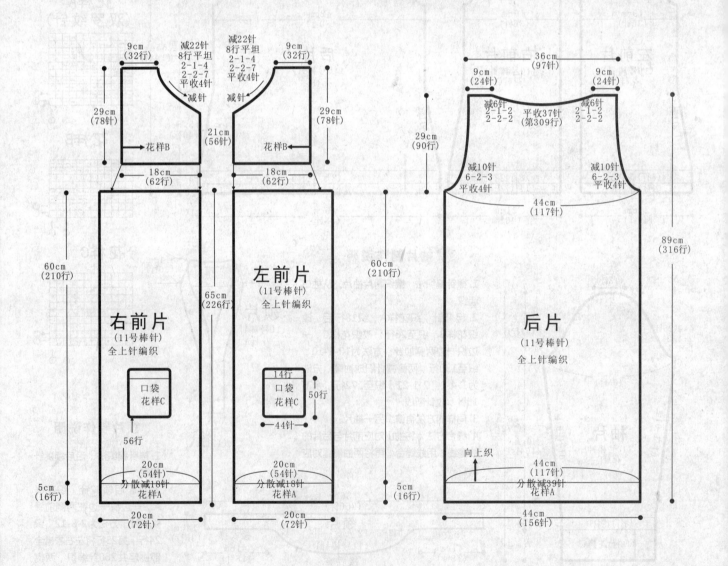